VÉRITABLE SCIENCE NAUTIQUE DES MARÉES

SPÉCIALEMENT

SUR LES CÔTES MARITIMES

ET

RÉFORME DES MATHÉMATIQUES

PAR LEUR RÉDUCTION A TROIS LOIS FONDAMENTALES

PAR HOENÉ WRONSKI

PARIS : AMYOT, RUE DE LA PAIX

MARS — 1853

SCIENCE DES MARÉES

ET

RÉFORME DES MATHÉMATIQUES

Imprimerie de Ch. Lahure (ancienne maison Crapelet)
rue de Vaugirard, 9, près de l'Odéon.

VÉRITABLE SCIENCE NAUTIQUE

DES MARÉES

SPÉCIALEMENT

SUR LES COTES MARITIMES

ET

RÉFORME DES MATHÉMATIQUES

PAR LEUR RÉDUCTION A TROIS LOIS FONDAMENTALES

PAR HOËNÉ WRONSKI

PARIS : AMYOT, RUE DE LA PAIX

MARS — 1853

A SA MAJESTÉ NAPOLÉON III,

EMPEREUR DES FRANÇAIS.

SIRE,

Ayant l'honneur d'avoir adopté la France pour ma seconde patrie, depuis plus d'un demi-siècle, et ayant ainsi dévoué ma vie à ce noble pays en y produisant mes nombreux travaux scientifiques, je ressens, au déclin de mes jours, tout à la fois, le devoir et le plaisir de lui offrir, comme une faible marque de ma reconnaissance pour la longue hospitalité que j'y ai reçue, un fragment majeur de ces travaux scientifiques, que je crois utile pour la sûreté de la marine française, commerciale et surtout militaire. J'aurais désiré pouvoir offrir à la France, pour ce grand but, toute la nouvelle et véritable science nautique des marées qui est annoncée dans le Programme suivant, et qui devient aujourd'hui indispensable pour la sûreté de la navigation sur les côtes maritimes, là uniquement où la connaissance des marées devient nécessaire à la marine, et là précisément où la science n'a pu, jusqu'à ce jour, offrir aucune connaissance spéciale et bien déterminée pour la sûreté de la navigation. Malheureusement, ceux dont il serait du devoir de conseiller à Votre Majesté l'acquisition de cette véritable science des marées, en agiraient peut-être autrement; et je ne saurais me permettre de susciter, dans les hautes résolutions de Votre Majesté, le moindre sujet d'incertitude.

Je dois donc me borner, en votre auguste présence, Sire, à ne parler que de l'état actuel de la science des marées. Et c'est dans cet état actuel, limité aux mers libres, en plein Océan, et excluant encore toute connaissance scientifique des marées sur les côtes maritimes, que je puis offrir à Votre Majesté, et par conséquent à la France, les vraies lois principales du phénomène du flux et reflux de la mer, nommément, la vraie loi pour la détermination de l'heure de la pleine mer, et la vraie loi pour la détermination de la hauteur de la marée, sur tous les points de notre globe et à toutes les époques du temps. J'ose dire les VRAIES LOIS, parce que les procédés dont on se sert encore pour ces graves déterminations, les seuls que la science ait pu découvrir jusqu'à ce jour, sont inexacts et même tout à fait erronés, comme cela est démontré rigoureusement dans le Programme suivant.

Or, ces vraies lois qui régissent les phénomènes principaux des marées, sont exposées, d'abord, dans le Programme suivant, sous les marques (1) à (23), aux pages 6 à 11, pour la détermination exacte de l'heure de la pleine mer, où l'on voit à la marque (19) que la formule de Laplace, qui est tout ce que la science possède aujourd'hui pour cette détermination, est inexacte, ou plutôt erronée; et ensuite, dans le Supplément, à la fin du présent opuscule, sous les marques (87) à (105), aux pages 43 à 46, pour la détermination de la hauteur de la marée, où l'on voit, à la marque (94), que la formule de Laplace, qui est de même tout ce que la science possède aujourd'hui pour cette deuxième détermination importante, est également inexacte, ou plutôt erronée. Et ce sont ces deux formules de Laplace que, faute des vraies lois pour la détermination des phénomènes des marées, le Bureau des Longitudes de France emploie actuellement pour calculer, dans ses Éphémérides, les deux susdites circonstances principales des marées, en vue de la direction de la marine française, commerciale et militaire.

Pour que Votre Majesté puisse se former une idée des erreurs graves qui résultent de ces calculs du Bureau des Longitudes, sans que ce savant Bureau en soit responsable, puisque la science ne connaît encore rien autre, je prendrai la liberté d'alléguer ici deux exemples. — Pour ce qui concerne d'abord l'heure de la pleine mer, dans l'*Annuaire* du Bureau des Longitudes pour la présente année 1853, ce Bureau calcule, par exemple, l'heure de la pleine mer au port de Brest pour le 17 mars présent; et il trouve 8 heures et 31 minutes du soir, de sorte que si l'on en retranche l'établissement du port, c'est-à-dire, le retard de la marée à Brest qui y est de 3 heures 45 minutes, il resterait 4 heures 46 minutes pour l'heure virtuelle de la marée à Brest. Or, c'est une grave erreur; car, pour le 17 mars 1853, cette heure virtuelle de la pleine mer a lieu dans le golfe de Guinée, sous le méridien de Brest, un peu vers l'ouest du cap Corse. Il faudrait donc, pour transformer cette heure virtuelle qui a lieu au golfe de Guinée, en celle qui, le même jour, a lieu au port de Brest, il faudrait, dis-je, tenir compte de la latitude de Brest et se servir pour cela de la présente loi (22). Et l'erreur serait encore plus grande si, par la même formule de Laplace, le Bureau des Longitudes voulait calculer l'heure de la pleine mer sur les côtes septentrionales de l'Irlande ou de l'Écosse. Il faudrait alors, pour éviter cette erreur, employer d'abord la présente loi (23) pour avoir l'heure virtuelle dans les régions polaires sous les mêmes méridiens, et se servir ensuite de la susdite loi (22) pour obtenir l'heure virtuelle sur les côtes en question. — Pour ce qui concerne ensuite la hauteur de la marée, dans ce même *Annuaire* pour la présente année 1853, le Bureau des Longitudes calcule, par la formule (94) de Laplace, la hauteur de la marée pour le 26 mars présent; et il trouve, pour l'augmentation de la hauteur moyenne de la marée à Brest, qui y est de $3^{m},21$, un facteur 1,11; ce qui est de nouveau une grave erreur, car cette augmentation de la hauteur de la marée le 26 mars, n'aura non plus lieu qu'au golfe de Guinée, et nullement au port de Brest. Encore ici, pour avoir la vraie hauteur de la marée, il faudrait tenir compte de la latitude de Brest; et pour cela, il faudrait employer les présentes lois nouvelles (91), (93) et (96), afin de pouvoir calculer, par les deux premières, la haute marée, et par la dernière la basse marée, dont la différence (98) ou (99), comparée à sa valeur moyenne (103) sous la même latitude, ferait connaître le véritable facteur par lequel il faudrait multiplier la susdite marée moyenne à Brest.

Telles sont, pour la détermination de ces deux principales circonstances du phénomène des marées, dans l'état actuel de la science, en se bornant encore aux mers libres, telles sont, dis-je, Sire, les vraies lois dont je fais ici un humble hommage à Votre Majesté, et par conséquent à la France, à ma seconde patrie. Si ce n'était pas le fruit de mon travail, et s'il m'était permis de parler moi-même de la valeur de mon ouvrage, j'oserais affirmer, car je suis ici fondé sur une certitude mathématique, que ces lois, lorsqu'elles seront adoptées par le Bureau des Longitudes, et réalisées annuellement dans ses Éphémérides nautiques, par la facile construction de quelques Tables nouvelles, offriront, pour la sûreté de la navigation, à la marine française, et généralement à la marine de tous les pays civilisés, une direction salutaire; au point que, dans cet état actuel de la science, la France offrira déjà, pour la sûreté de la navigation universelle, en tant que cette sûreté dépend principalement de la connaissance des marées, des règles périodiques et en quelque sorte une législation provisoire mais universelle. (*)

Je suis, avec un profond respect,

SIRE,

De Votre Majesté impériale,

le très-humble et très-soumis serviteur,

HOËNÉ WRONSKI.

Paris, le 19 mars 1853.

P. S. Sans doute si, nonobstant des objections, Votre Majesté daigne ordonner qu'on fasse des expériences pour constater la vérité de la nouvelle science nautique des marées, de celle qui a spécialement pour objet les marées sur les côtes maritimes, et qui n'existe pas encore, je serai au comble de mes vœux de pouvoir offrir à ma patrie adoptive ce résultat majeur des travaux de ma vie, sans avoir besoin de chercher dans des pays étrangers, peut-être avec des chances également peu favorables, la récompense de mes travaux. Dans tous les cas, je m'estimerai toujours très-heureux de pouvoir, avant tout, offrir à la France, dans la personne auguste de Votre Majesté, le présent accomplissement de la science des marées pour les mers libres, c'est-à-dire, pour l'état actuel de cette science.

(*) Nous ignorons si, sur la frégate à vapeur, le *Groënland*, qui, dans la dernière guerre contre le Maroc, s'est perdue sur les côtes d'Afrique, en échouant par suite d'une fausse estimation de la marée, on a calculé cette marée d'après les fausses Tables du Bureau des Longitudes de Paris, ou si on l'a estimée simplement d'après les indications des pilotes de ces parages. Mais il est manifeste que, dans l'un ou dans l'autre cas, le danger aurait pu être prévenu, si ce savant Bureau des Longitudes connaissait la vraie science des marées, et si, d'après cette science, il donnait à la marine française les moyens sûrs de connaître, dans tous les parages, et à chaque époque de l'année, l'état exact des marées.

AUX

GOUVERNEMENTS MARITIMES.

Dans le Programme suivant, deux choses sont démontrées mathématiquement, savoir : 1° que la véritable science nautique des marées, qui les ferait connaître sur les côtes maritimes, n'existe pas encore ; et 2° que cette science véritable qui découvre les lois que suit le mouvement des marées, dans les mers libres et sur tous les points des côtes maritimes, est enfin établie positivement par des procédés supérieurs des sciences mathématiques. — Jusqu'à ce jour, les savants, même ceux du premier ordre, n'ont pu concevoir le problème du flux et reflux de la mer que dans les mers libres, c'est-à-dire, en plein Océan, loin des côtes maritimes. Et les résultats qu'ils ont obtenus par la solution de ce problème restreint, et en quelque sorte inutile pour la navigation, sont tous inexacts et par conséquent dangereux pour la direction de la marine. Quant aux côtes maritimes, rades, havres, ports, et atterrages quelconques, là précisément où la connaissance des marées devient essentiellement nécessaire pour la sûreté de la navigation, la science, loin d'avoir produit cette connaissance indispensable, n'en a même pas encore conçu le problème, par suite des variations que subissent les marées sur ces côtes maritimes ; variations indéfinies qui paraissaient ne pouvoir être soumises à des lois générales. Or, c'est cette difficile connaissance des marées sur les côtes maritimes, la seule nécessaire et même indispensable pour la sûreté de la navigation, que nous offrons ici aux Gouvernements maritimes.

Cette nouvelle et véritable science nautique des marées consiste en deux parties distinctes, savoir : 1° dans sa partie théorique, où les lois qui régissent le phénomène du flux et reflux de la mer sur tous les points de notre globe, dans les mers libres et sur les côtes maritimes, sont déduites des principes supérieurs de la Mécanique céleste et de ceux de la Construction mécanique de la terre ; et 2° dans la partie pratique, où ces lois du phénomène des marées sont rendues immédiatement applicables à la navigation, pour la marine commerciale et principalement pour la marine militaire. Et c'est surtout la seconde de ces deux parties, nommément, la partie pratique de la science nautique des marées, résumée dans un Manuscrit secret, que nous offrons d'abord aux Gouvernements maritimes.

La vérité de cette partie pratique de la nouvelle science nautique des marées pourra être établie par deux procédés distincts, savoir, d'abord directement, par la production de sa partie théorique, c'est-à-dire, par une démonstration théorique, et ensuite indirectement, par la vérification de ses résultats, au moyen de nombreuses expériences, c'est-à-dire, par une démonstration expérimentale.—Or, la première de ces démonstrations, nommément, la démonstration théorique, ne saurait encore être donnée authentiquement, par des corps savants, parce que les principes supérieurs de la Mécanique céleste et de la Construction mécanique de la terre, principes dont elle dépend, ne sont pas encore connus des savants, nos contemporains, comme nous le prouvons dans le Programme suivant. D'ailleurs, les erreurs graves qui, à cet égard, subsistent encore dans le monde savant, comme nous le prouvons également dans ce Programme, ne permettraient peut-être pas un libre examen de cette théorie, quand même on connaîtrait les principes supérieurs qui, cette fois-ci, sont requis pour faire cet examen. —Ainsi la seconde des deux démonstrations en question, nommément, la démonstration expérimentale, est la seule possible actuellement. Et vu l'urgence de l'introduction et de l'usage de cette nouvelle science pratique des marées, pour la prompte et indispensable garantie actuelle de la navigation, cette démonstration expérimentale peut et doit être obtenue immédiatement. D'ailleurs, quand même on pourrait, dès aujourd'hui, obtenir également la susdite démonstration théorique, il faudrait encore, du moins pour la vérification de cette démonstration scientifique, recourir aux expériences, en considération de la gravité et de l'importance qui sont notoirement inhérentes à la sûreté de la navigation. Et cette démonstration expérimentale, la seule valide dans cette grave question, pourra être obtenue aujourd'hui avec beaucoup de facilité par les procédés que nous indiquons dans le Programme suivant.

Toutefois, si le Gouvernement qui voudra acquérir cette nouvelle et véritable science nautique des marées, désirait avoir aussi sa démonstration théorique, nous serions prêts à lui transmettre également la théorie complète de cette science nautique, et même la théorie complète de la Construction mécanique de la terre, dont elle fait une des parties constituantes. Cette supérieure et véritable théorie de la Construction mécanique de la terre, et généralement des corps célestes, est également résumée dans un Manuscrit. Mais, pour éviter des discussions secrètes et surtout des discussions malveillantes sur ces nouveaux principes théoriques, que l'on ne saurait constater par l'expérience, nous ne pourrions livrer ce deuxième Manuscrit au Gouvernement maritime qui le demanderait, autrement que par la voie de l'impression, afin d'en rendre juge le monde savant tout entier, d'autant plus que les nouvelles lois fondamentales sur lesquelles repose notre Réforme des Mathématiques, ne sont pas encore connues des savants, nos contemporains, comme nous l'avons dit plus haut, et comme nous le prouvons dans le premier Programme suivant. Aussi pour préparer le monde savant à cette publication de la vraie théorie de la Construction mécanique de la terre, dont la théorie de la présente science nautique des marées fait une partie constituante, nous proposons-nous de publier incessamment un *Exposé populaire de la Réforme des Mathématiques,* dont les lois fondamentales et les procédés nouveaux qui en résultent, seront nécessaires pour l'intelligence de ces théories supérieures. Et c'est à cette fin, si toutefois l'auteur ne trouve pas d'obstacles à la réalisation de ce nouveau monument scientifique, qui, à lui seul nous semble d'une haute importance actuelle, c'est à cette fin, disons-nous, que nous joignons ici immédiatement, au premier Programme suivant, à celui de la Véritable science nautique des marées, un deuxième Programme, celui de l'Exposé populaire de la Réforme des mathématiques, qui est en quelque sorte la condition indispensable du premier de ces deux Programmes.

Une autre condition, non moins grave pour la production de la nouvelle et véritable science nautique des marées, consiste dans la tacite mais très-naturelle hostilité des savants, surtout des savants brevetés, contre les travaux de l'auteur; hostilité qui, ainsi que nous le disons dans le premier Programme suivant, a dû, comme toujours, naître de la production des vérités nouvelles par lesquelles les savants brevetés étaient obligés de rectifier leurs idées et de donner une valeur à leur ancienne et insuffisante science. On conçoit en effet que, sous les auspices d'une pareille et inévitable hostilité, les gouvernements maritimes qui voudraient acquérir la nouvelle science nautique que nous leur offrons, et qui naturellement consulteraient à cet égard leurs corps savants, n'en recevraient probablement pas des dispositions favorables pour cette acquisition. Il faudrait pour cela un gouvernement qui fût, tout à la fois, et assez éclairé pour concevoir un tel progrès exceptionnel des sciences, et assez fort pour ne pas craindre la désapprobation de ses savants brevetés, lorsque, dans l'intérêt de l'État, il ordonnerait de faire des expériences pour constater la vérité en question, expériences que nous réclamons principalement. Mais, où trouver aujourd'hui un gouvernement pareil? — Aussi, comme Christophe Colomb, serons-nous forcés de nous adresser, tour à tour, à tous les Gouvernements maritimes pour ouvrir toutes les voies à la Providence; car, elle seule pourra, dans cette critique position, sauver la vérité par une de ces voies, dont aucune, plus que les autres, ne paraît praticable sous des influences aussi funestes pour le bien public que sinistres pour l'auteur. — Dans le cas où, comme cela est possible, nous ne trouverions aujourd'hui aucun gouvernement qui voulût faire l'acquisition que nous lui offrons, nous publierons au moins la partie pratique de cette véritable science nautique des marées, pour donner un nouveau démenti aux savants brevetés et pour laisser à la postérité un nouvel exemple de leur valeur intellectuelle. HOËNÉ WRONSKI.

Paris, le 19 mars 1853.

POST-SCRIPTUM.

Nous venons d'apprendre que le grand prix des mathématiques que l'Académie des Sciences de Paris a proposé le 20 décembre dernier, et que nous reproduisons à la marque (36), dans le premier Programme suivant, en y indiquant la solution que, six ans auparavant, nous en avons donnée dans nos ouvrages, par les nouveaux procédés de la réforme des mathématiques, avait déjà été proposé en 1850 par cette même savante Académie, et que, sur cinq Mémoires qu'elle avait reçus pour ce concours, aucun ne lui a paru avoir résolu le problème proposé. — Nous espérons que cette illustre Académie nous saura gré de lui faire connaître la raison de l'impossibilité de la solution de ce problème, qui est purement *téléologique* (de finalité), par les anciens procédés *logiques* (de nécessité), qui seuls sont connus de la science. Et nous espérons surtout que cette savante Académie des Sciences de Paris, et à son exemple les autres corps savants de l'Europe, en reconnaissant ainsi la nécessité de ces procédés téléologiques, nous sauront gré de les avoir introduits dans la science, par la découverte de la dernière de nos trois lois fondamentales des mathématiques, de ces lois uniques qui, en résumant en elles toute cette grande science, opèrent l'actuelle réforme des mathématiques, comme prototype de la réforme pareille de toutes les sciences.

PROGRAMME

DE LA

VÉRITABLE SCIENCE NAUTIQUE

DES MARÉES.

Cette science nautique, tout à la fois, et théorique et éminemment pratique, est offerte aux gouvernements maritimes, pour en être acquise à un prix proportionné à l'importance pratique et à la difficulté théorique de cette science nouvelle.

Les sciences mathématiques ont acquis certainement une perfection de beaucoup supérieure à celle des sciences physiques. Néanmoins, l'application de ces hautes sciences à la solution des grands problèmes du monde physique, est demeurée sans succès. Au nombre de ces problèmes se trouvent notoirement le problème des marées, et généralement celui de la construction mécanique de la terre, surtout le grand problème de la mécanique céleste.

Pour ce qui concerne spécialement ici l'importante question des marées, on n'a pu, jusqu'à ce jour, concevoir ni chercher à déterminer ce phénomène que dans les MERS LIBRES. Et la détermination mathématique que l'on en a donnée, est encore erronée, comme nous allons le prouver. Quant au phénomène des marées sur les CÔTES MARITIMES, là précisément où il importe surtout de le connaître, pour la sûreté de la marine, loin d'en avoir résolu le problème, on ne l'a même pas conçu encore; et l'on se borne à transmettre, par la routine, sur les côtes maritimes, ce que l'on a mal déterminé dans les mers libres.

Cette grave imperfection de la connaissance actuelle des marées, à côté des progrès majeurs des sciences mathématiques, prouve l'extrême difficulté de ce problème. Et cependant, le danger qui en résulte pour la marine en général, et spécialement pour la marine militaire, qui n'a pas souvent la liberté de choisir les parages, et encore moins le loisir de s'y informer du mouvement des eaux; ce danger, disons-nous, aussi grave qu'il est fréquent, et pour ainsi dire permanent, a provoqué les plus grands savants à résoudre ces périlleuses difficultés. Nous ne nous arrêterons pas ici, dans ce simple Programme, à faire un exposé historique complet de ces hauts travaux scientifiques, dont nous avons donné un aperçu dans nos *Prolégomènes du Messianisme*, pour offrir une garantie matérielle, facile à constater journellement par l'expérience, des principes absolus qui président à notre nouvelle théorie mathématique de la construction de la terre; aperçu qu'il suffira de reproduire ici littéralement. Le voici :

« Nous offrons la théorie des marées comme une garantie, en quelque sorte matérielle, de ce que les lois que nous avons données pour la formation de la terre, sont, non-seulement vraies, mais de plus absolues, c'est-à-dire, indépendantes de tout principe étranger; et nous l'offrons ainsi en montrant que cette difficile théorie des marées, pour laquelle il n'existe encore rien de péremptoire, n'est qu'un cas particulier de ces mêmes lois géogéniques qui régissent généralement la construction des corps célestes. Aussi, sommes-nous fondés à affirmer, par rapport à cette théorie des marées, comme par rapport à toute la théorie de la terre, que le grand problème du flux et du reflux de la mer est enfin résolu d'une manière absolue.

« Les résultats de cette décisive solution sont que, dès aujourd'hui, toutes les circonstances fondamentales des marées, telles que leur grandeur, la position de leurs points culminants, la dépression polaire, jusqu'à la durée de leur formation, et même toutes les anomalies locales, dépendant du gisement des ports ou des côtes maritimes, telles que l'heure de la pleine mer, le retard, la hauteur, etc., toutes ces circonstances, disons-nous, peuvent être calculées avec facilité et avec exactitude, pour un temps quelconque donné, et pour un lieu quelconque connu de la surface de notre globe. Ainsi, toutes les circonstances du phénomène des marées, tant générales que particulières, pourront désormais être prédites avec précision, comme tous les autres phénomènes célestes ou astronomiques. En conséquence, nous prenons la liberté de proposer ici aux Bureaux des Longitudes des gouvernements maritimes, un mode de ces calculs des marées, tels que dorénavant ils devraient être faits annuellement et annoncés d'avance aux marins dans les *Éphémérides nautiques*.

« En parlant ici de ces calculs annuels des marées dans les Éphémérides, nous devons prévenir que ceux que le Bureau des Longitudes de France produit dans son *Annuaire*, étant comparés aux résultats positifs que donne notre présente science rigoureuse, se trouvent n'être pas exacts. — Mais, pour mieux signaler cette inexactitude, et généralement pour mieux caractériser la nouvelle science, nous devons ici, en peu de mots, fixer le véritable état du problème du flux et du reflux de la mer.

« Nous ne remonterons pas jusqu'aux Grecs, qui, par suite de leur position géographique, n'étaient guère instruits sur le phénomène des marées. Tout le monde connaît l'étonnement qu'éprouva Alexandre aux Indes, en voyant le flux et le reflux de la mer. — Pythéas, d'après Plutarque, est le seul, parmi les Grecs, qui, lors de sa présence dans la Grande-Bretagne, se soit aperçu de l'accord entre les marées et les mouvements de la lune.

« Nous ne remonterons pas non plus aux Romains, quoique ceux-ci, par l'étendue de leurs conquêtes, fussent déjà bien plus instruits sur le phénomène du flux et du reflux, comme on le voit dans les Commentaires de César; dans Strabon, qui suit Posidonius; dans Sénèque, et surtout dans Macrobe. Mais, nous observerons ici que Pline, qui d'ailleurs avait déjà signalé l'influence du soleil, paraît avoir pressenti la vraie cause des marées.

« Nous rappellerons encore moins les diverses idées bizarres que, depuis la plus haute antiquité, on se formait de cette cause du phénomène des marées. Qu'il nous suffise de remarquer la distance immense que l'esprit de l'homme a dû franchir depuis le système d'hylozoïsme, qui considérait la terre comme un vaste animal, dont les respirations alternatives formaient le flux et le reflux de la mer, jusqu'à la physique de Keppler, qui enfin assigna positivement la vraie cause de ce phénomène, en l'attribuant expressément à l'attraction universelle de la matière.

« Nous nous bornerons, dans ce rapide exposé, à n'attacher l'attention qu'aux théories positives que l'on a produites sur le phénomène des marées depuis que sa véritable cause fut dévoilée par Keppler. — Ainsi, Newton fut le premier qui, après sa découverte de la loi que suit cette attraction universelle, essaya de produire une théorie positive des marées. Mais, ce ne fut proprement qu'à l'occasion du fameux prix proposé par l'Académie de Paris, pour l'année 1740, que ces recherches devinrent aussi générales qu'elles sont importantes. Alors, D. Bernoulli, Euler, Mac-Laurin, concoururent avec un mérite égal, et frayèrent, en quelque sorte, cette difficile carrière.

« Bernoulli y introduisit l'hypothèse du sphéroïde aqueux elliptique; Mac-Laurin en donna de nouveau la déduction en toutes formes; et Euler y fit enfin valoir la théorie des oscillations des fluides, en posant ainsi la base à ces nouvelles théories. En effet, après ce dernier géomètre, d'Alembert et surtout Laplace, dans les Mémoires de l'Académie de Paris, pour les années 1775 et 1776, ramenèrent presque entièrement à cette théorie des oscillations la théorie des marées.

« Malheureusement, les résultats que ces différents géomètres ont obtenus ne sont nullement d'accord. — Newton, Bernoulli et Mac-Laurin trouvèrent un résultat qui donnerait, pour la seule action du soleil, une marée totale d'environ 22 $\frac{1}{2}$ pouces. Euler et d'Alembert n'en trouvèrent que 9. Simpson, qui s'est aussi occupé, avec distinction, de ce problème, trouva un résultat pareil qui donnerait 15 pouces. Clairaut suivit à peu près Mac-Laurin. Et Laplace ne concilia ces résultats avec l'expérience qu'à force d'hypothèses, formées sur la profondeur de la mer, sur le rapport des densités de la terre et des mers, et autres pareilles.

« En outre de ces efforts théoriques, des observations nombreuses, pour constater toutes les circonstances du phénomène des marées, furent faites durant la moitié du dernier siècle. C'est surtout à l'Académie de Paris que nous devons ces résultats positifs : cet illustre corps savant obtint de son gouvernement qu'il se fît une suite prolongée de ces observations dans tous les ports de France; et, parmi les objets dont il chargea Richer, dans son voyage à Cayenne, les observations des marées étaient recommandées d'une manière spéciale (*). — Récemment, le capitaine Anderson, de la marine britannique, a fait

(*) Nous devons au zèle du laborieux et savant Lalande un recueil précieux de ces diverses observations, qu'il publia, en 1781, dans son *Traité du flux et du reflux de la mer*.

une suite d'observations intéressantes sur les marées et leurs progrès entre Fairleig et le North-Foreland sur la côte d'Angleterre, ou entre le cap d'Alpré et Calais sur la côte de France; et il est à désirer que cet exemple, surtout celui des susdites observations commandées par le gouvernement français, soit imité dans tous les parages. (*Ceci a été écrit en* 1821.)

« Enfin, après tous ces travaux, la théorie des marées fut reproduite systématiquement par Laplace dans le quatrième livre de sa *Mécanique céleste*. Et c'est là l'état actuel des connaissances humaines sur le phénomène du flux et du reflux de la mer. — Nous devons donc fixer ici nos idées sur ces connaissances.

« Pour cela, il suffirait de remarquer que la vraie théorie des fluides, prise en général, est demeurée inconnue jusqu'à ce jour, et par conséquent que les connaissances qui en dépendent, spécialement celles des marées qui sont résumées dans la théorie de Laplace, sont nécessairement erronées. En effet, c'est uniquement sur la théorie des fluides que ces diverses théories des marées ont pu être fondées, n'importe la manière spéciale dont le mouvement du flux et du reflux s'y trouve envisagé. Or, l'ancienne théorie des fluides, telle que les géomètres l'avaient établie et appliquée, jusqu'à Laplace inclusivement, vient d'être reconnue fausse, comme nous le prouvons, dans nos ouvrages et finalement dans le Tome I de notre *Réforme du Savoir humain* (pages *ccxxxj* et suiv.) avec une rigueur mathématique. Ainsi, non-seulement les diverses théories de la formation de la terre, celles de Newton, de Huyghens, de Clairaut, etc., mais plus directement les diverses théories des marées, et nommément celle de Laplace, sont nécessairement erronées.

« Ce caractère d'erreur inévitable, qui est ainsi impliqué dans toutes les connaissances scientifiques, anciennes et nouvelles, concernant les conditions du phénomène des marées, nous suffirait, comme nous l'avons annoncé, pour fixer nos idées sur la valeur de ces connaissances. Mais, afin de les caractériser sous tous les aspects, nous devons encore, du moins accessoirement, en faisant abstraction de la théorie des fluides, considérer ces connaissances scientifiques en elles-mêmes, c'est-à-dire, par rapport aux procédés méthodiques par lesquels on y est parvenu, et par rapport aux résultats pratiques que l'on y a obtenus. — Nous allons le faire.

« D'abord, pour ce qui concerne les procédés méthodiques, au lieu d'embrasser l'équilibre de la surface entière des mers, Laplace, comme nous l'avons déjà dit, se borne à considérer le mouvement ou les oscillations de la mer dans un point donné de la surface de notre globe. Il produit ainsi trois espèces de ces oscillations; et il ne peut déterminer leur étendue respective que dans l'hypothèse d'une égale profondeur de la mer, et dans celle d'un fluide répandu uniformément à la surface d'un ellipsoïde en rotation. Même dans ce cas purement hypothétique et très-borné, ce savant géomètre ne peut obtenir que les plus grossières de ces déterminations, celles qui dépendent de la masse des astres agissants, divisée par les cubes de leurs distances respectives à la terre. Laplace convient lui-même, au n° 18 de sa théorie, que la détermination ultérieure, qui dépend de la masse divisée par les quatrièmes puissances des distances, est hors de son pouvoir; et il se console par la considération de ce que les observations des marées, faites à Brest, ne paraissent pas accuser un résultat sensible dépendant de ce terme délicat de la théorie des marées. — Ainsi, considérée par rapport aux procédés méthodiques, cette théorie de Laplace sur le flux et le reflux de la mer, qui forme les connaissances actuelles de ce phénomène, n'est manifestement, en outre de son imperfection mathématique, rien autre qu'une simple hypothèse, en faisant même abstraction de la théorie des fluides.

« Ensuite, pour ce qui concerne les résultats pratiques, Laplace, guidé en partie par ces conjectures savantes, obtient au n° 20 de sa théorie, une expression de la hauteur des marées; et, au n° 21, il en déduit l'expression de l'heure de la pleine mer. — C'est ce dernier résultat, reproduit au n° 42, à la fin de cette théorie, pour servir au calcul des marées, au moyen d'une table dont ce géomètre propose la construction, c'est, disons-nous, ce dernier résultat, servant à fixer l'heure de la pleine mer, qui est le seul résultat positif de la théorie de Laplace, formant l'état actuel de nos connaissances à l'égard de ce phénomène des marées. Aussi, est-ce précisément ce résultat qui a été adopté par le Bureau des Longitudes de France, pour servir, dans l'*Annuaire* de ce Bureau, au calcul annuel des marées (*). — Or, il se trouve malheureusement, par les conclusions de la nouvelle science des marées que nous apportons ici aux Gouvernements maritimes, que ce résultat de Laplace, et par conséquent ces calculs du Bureau des Longitudes de France, sont inexacts pour tout lieu de la terre situé hors de l'équateur, et qu'ils ne sont d'accord avec la vérité qu'au seul moment des équinoxes, lorsque d'ailleurs la déclinaison de la lune est zéro. Cette assertion est prouvée rigoureusement dans le Supplément à notre *Épître à S. A. le prince Czartoryski*; Supplément que nous allons reproduire dans ce Programme. Ainsi, considérée par rapport à ses résultats pratiques, cette théorie moderne de Laplace, qui est le dépôt des connaissances actuelles sur le phénomène du flux et du reflux de la mer, se trouve, dans le seul résultat positif qu'elle a produit, erronée ou du moins inexacte.

« Mais généralement, pour toutes les diverses théories des marées, sans en excepter nullement celle de Laplace, ce qu'il y a de décisif dans leur imperfection, et ce qui constitue ainsi leur IMPERFECTION ABSOLUE, la source de leurs erreurs, ou du moins l'obstacle pour arriver à la vérité, c'est qu'aucune de ces théories, aucune absolument, ne saurait fixer *a priori*, et sans hypothèses, la hauteur absolue des marées, pas même dans les mers libres. C'est là, et il faut y faire attention essentiellement, la preuve irrécusable de ce qu'il n'existe pas encore une véritable science des marées, et par conséquent la preuve de ce que, comme le croit très-bien le vulgaire, le problème des marées demeure encore non-résolu.

« Nous pensons que ces motifs sont suffisants pour que, dans notre conviction scientifique de pouvoir enfin écarter le danger qui subsiste pour la navigation dans la connaissance imparfaite et même inexacte du phénomène des marées, nous offrions ici aux gouvernements maritimes la vraie science nautique des marées, telle qu'elle résulte de notre susdite théorie accomplie des fluides et surtout de la nouvelle science mathéma-

(*) Nous ne parlons pas ici de la prétendue table des plus grandes marées que ces Éphémérides françaises donnent également, parce que, de la manière dont la hauteur des marées s'y trouve envisagée, en la réduisant à ce que l'on y nomme *marée totale*, cette table n'apprend proprement rien sur la véritable étendue de chaque marée partielle, haute ou basse, en faisant même abstraction de ce qu'il y a d'erroné dans cette table.

tique de la construction de la terre, et par conséquent de sa surface fixe et variable journellement. — Nous avons déjà dit plus haut quels sont les résultats pratiques de cette véritable science des marées; et quant aux procédés scientifiques que nous y avons employés, il nous suffira ici d'annoncer que le principe absolu que nous avons suivi, est le déplacement continuel et périodique d'un équilibre permanent dans la surface des mers, dont les diverses anomalies locales ne sont que des modifications. Ce principe d'un équilibre permanent, réel et non purement virtuel, est développé indépendamment de toute hypothèse, et calculé rigoureusement jusqu'au terme délicat qui implique les quatrièmes puissances des distances, à ce terme que Laplace n'a pu atteindre par sa science. — L'ouvrage qui contient cette nouvelle science nautique des marées, forme un Manuscrit secret prêt à être livré au gouvernement qui fera l'acquisition de cette science, aux conditions suggérées ci-après. »

Toutefois, autant pour faciliter l'inspection générale de ces résultats, que pour préciser et pour constater authentiquement leur découverte, nous allons, dans le Programme présent, reproduire littéralement la Conclusion qui se trouve à la fin du Manuscrit en question, et qui contient le Modèle de la Table générale des circonstances locales des marées, suivant laquelle les Bureaux des Longitudes des gouvernements maritimes pourront désormais calculer annuellement leurs Éphémérides nautiques pour la sûreté de la marine de ces gouvernements. — Mais, avant de reproduire ici cette Conclusion, nous devons apporter les preuves des assertions capitales que nous venons d'avancer, savoir : 1° de ce que, jusqu'à ce jour, on n'a pu traiter la question des marées que pour les mers libres, en n'y obtenant même que des résultats erronés; et 2° que la question des marées sur les côtes maritimes, où elle est essentiellement importante pour la sûreté de la navigation, est demeurée, jusqu'à ce jour, méconnue entièrement. — Voici ces preuves.

Nous avons dit plus haut que, dans le Supplément de notre *Épître à S. A. le prince Czartoryski*, nous avons déjà donné la première de ces preuves. Il nous suffira donc de reproduire ici la partie de ce Supplément qui contient cette preuve. La voici.

« Nous allons donner ici une des principales lois des marées, celle qui fixe l'heure de la pleine mer, et qui est déjà en elle-même de la plus haute importance pour la marine; et nous prouverons par là, comme nous en avons déjà prévenu, que la formule que Laplace a donnée pour calculer cette heure, et qui sert effectivement pour les calculs du Bureau des Longitudes de France, est erronée.

« En admettant, comme cela peut se faire ici, que la forme de la terre ne diffère pas beaucoup de la forme d'un ellipsoïde, dont le rayon de l'équateur est b et dont l'aplatissement est Θ, et en adoptant toute la notation que, dans les *Prolégomènes du Messianisme* et dans le Tome I de la *Réforme du Savoir humain*, nous avons employée pour la théorie de la terre, nous aurons sensiblement pour le rayon r de la terre, correspondant à la latitude λ, l'expression . . . (1)

$$r = \frac{b\cdot\sqrt{\{1+\beta(2+\beta)\cdot\cos^2\lambda\}}}{\sqrt{(1+\beta)}\cdot\sqrt{(1+\beta\cdot\cos^2\lambda)}};$$

en ne perdant pas de vue que l'on a . . . . (1)'

$$1+\beta=(1+\Theta)^2.$$

« Désignons maintenant par S la masse du soleil, par L la masse de la lune, par m la distance du soleil à la terre, par n la distance de la lune à la terre; et formons auxiliairement les quantités . . . (2)

$$[S] = \frac{S}{m^3}, \qquad \text{et} \quad [L] = \frac{L}{n^3}.$$

Désignons de plus par Δ la déclinaison du soleil; par δ la déclinaison de la lune; par α la différence des ascensions-droites de la lune et du soleil, savoir . . . (3)

$$\alpha = asc..dr..L - asc..dr..S,$$

en ayant soin de prendre toujours cette différence α avec le signe, positif ou négatif, que lui donne cette formule (3); enfin par σ la variation diurne de cette différence α des ascensions-droites.

« Or, si l'on retranche, de l'*heure réelle* de la pleine mer, le retard que l'on nomme *établissement du port*, et si l'on ne considère ainsi que l'*heure virtuelle* de la pleine mer, que nous désignerons par ε, et qui seule doit faire l'objet de notre question présente, nous aurons, pour cette heure ε, dans un temps correspondant à la susdite différence α des ascensions-droites, et dans un lieu correspondant à la latitude λ, l'expression générale et rigoureuse . . . (4)

$$\text{tang}\,\varepsilon = \frac{\sin\alpha}{\cos\alpha + \Xi},$$

en construisant la quantité auxiliaire . . . (5)

$$\Xi = \frac{\pi}{\pi - \sigma}\cdot\frac{[S]}{[L]}\cdot\frac{(1+\beta).[2.(3 - M).\cos^2\Delta.\cos\varepsilon' - P] + 3.\text{tang}\,\lambda.\sin 2\Delta}{(1+\beta).[2.(3 - N).\cos^2\delta.\cos(\varepsilon' - \alpha) - Q] + 3.\text{tang}\,\lambda.\sin 2\delta},$$

et en désignant par ε' une première détermination de la quantité cherchée ε, une première détermination que nous ferons connaître ci-après pour les deux cas de grandes et de petites latitudes λ. — Il est sans doute inutile de rappeler que nous désignons généralement par π la circonférence du cercle pour le rayon égal à l'unité.

« Mais, dans la présente construction (5) de la quantité auxiliaire Ξ, entrent en outre les quatre quantités indéterminées M, N, et P, Q; et ce sont là précisément ces quantités problématiques pour Laplace qui, dans leurs multiplications respectives par les forces [S] et [L], savoir . . . (6)

$$[S].M, \quad [S].P, \qquad \text{et} \quad [L].N, \quad [L].Q,$$

forment les termes délicats, dépendant des masses S et L du soleil et de la lune, divisées par les quatrièmes puissances de leurs distances m et n à la terre, ces termes délicats, disons-nous, qu'au n°. 18 de sa théorie, Laplace déclare ne pouvoir atteindre par sa science. Or, les deux premières M et N de ces petites quantités sont . . . (7)

$$M = \frac{3b}{2m}\cdot\frac{\sin\lambda.\sin\Delta + (1+\beta).\cos\lambda.\cos\Delta.\cos\varepsilon'}{\sqrt{(1+\beta)}.\sqrt{(1+\beta.\cos^2\lambda)}},$$

$$N = \frac{3b}{2n}\cdot\frac{\sin\lambda.\sin\delta + (1+\beta).\cos\lambda.\cos\delta.\cos(\varepsilon' - \alpha)}{\sqrt{(1+\beta)}.\sqrt{(1+\beta.\cos^2\lambda)}}.$$

Quant aux deux dernières P et Q de ces quatre petites quantités (6), elles impliquent au dénominateur, comme facteur, la quantité cos λ et elles sont tellement petites qu'elles ne reçoivent une valeur sensible que tout près des pôles de la terre, de ces pôles où, en devenant infinies, elles servent à rendre indéterminée la quantité auxiliaire Ξ, et par conséquent l'heure cherchée ε, qui effectivement demeure indéterminée aux pôles. Dans le sixième des ouvrages annoncés à la page 38 du Tome I de la *Réforme du Savoir humain*, où nous devons produire la théorie des marées, nous ferons connaître ces deux petites quantités supplémentaires P et Q, pour montrer comment, par leur influence, notre théorie se vérifie ainsi rigoureusement dans tous les cas concevables; et nous sommes disposés à faire connaître ces deux quantités décisives P et Q à tout géomètre qui nous le demandera avant la publication de ce sixième ouvrage annoncé. Mais, dans la pratique présente de la marine, où l'on n'arrive jamais aux pôles, nous pouvons, pour simplifier les expressions, négliger ces très-petites quantités P et Q; et alors, en conservant les deux premières quantités M et N, telles qu'elles sont données par les expressions présentes (7), et qui déjà seront peu sensibles dans la pratique, nous aurons, pour la quantité auxiliaire Ξ en question, l'expression plus que suffisante . . . (8)

$$\Xi = \frac{\pi}{\pi - \sigma} \cdot \frac{[S]}{[L]} \cdot \frac{2.(1+\beta).(3-M).\cos^2\Delta.\cos\varepsilon' + 3.\tang\lambda.\sin 2\Delta}{2.(1+\beta).(3-N).\cos^2\delta.\cos(\varepsilon'-\alpha) + 3.\tang\lambda.\sin 2\delta};$$

expression qui pourra servir, avec exactitude, pour les plus grandes latitudes λ, jusque près des pôles, où, en distinguant cette quantité auxiliaire Ξ par (Ξ2), elle se réduira à la quantité . . . (9)

$$(\Xi 2) = \frac{\pi}{\pi - \sigma} \cdot \frac{[S].\sin 2\Delta}{[L].\sin 2\delta}.$$

En effet, introduisant cette quantité polaire dans l'expression fondamentale (4) à la place de Ξ, on obtiendra, dans ces lieux situés tout près des pôles, pour l'heure ε de a haute mer, l'expression . . . (10)

$$\tang\varepsilon = \frac{(\pi-\sigma).[L].\sin 2\delta.\sin\alpha}{(\pi-\sigma).[L].\sin 2\delta.\cos\alpha + \pi.[S].\sin 2\Delta},$$

qui donnera successivement les valeurs suivantes . . . (11)

$$\text{Pour } \Delta = 0, \qquad \tang\varepsilon = \tang\alpha;$$
$$\text{Pour } \delta = 0, \qquad \tang\varepsilon = 0;$$
$$\text{Pour } \Delta = 0 \quad \text{et} \quad \delta = 0, \qquad \tang\varepsilon = \frac{0}{0};$$

comme cela doit être à très-peu près, ainsi que nous le verrons dans le susdit ouvrage annoncé. — Et c'est aussi cette expression (10) qui donnera, pour la quantité auxiliaire et générale Ξ dans son expression (5) ou (8), la première détermination ε' que nous avons promis de faire connaître pour le cas des grandes latitudes λ.

Distinguons maintenant par (Ξ1) la quantité auxiliaire et générale Ξ dans le cas où la latitude géographique λ est zéro, c'est-à-dire, sous l'équateur. Et pour ce cas, l'expression (8) nous donnera . . . (12)

$$(\Xi 1) = \frac{\pi}{\pi - \sigma} \cdot \frac{[S]}{[L]} \cdot \frac{(3-M).\cos^2\Delta.\cos\varepsilon'}{(3-N).\cos^2\delta.\cos(\varepsilon'-\alpha)};$$

c'est-à-dire . . . (13)

$$(\Xi 1) = \frac{\pi}{\pi - \sigma} \cdot \frac{[S]}{[L]} \cdot \frac{(3 - M) \cdot \cos^2 \Delta}{(3 - N) \cdot \cos^2 \delta \cdot \{\cos \alpha + \sin \alpha \cdot \text{tang}\, \varepsilon'\}} \cdot$$

Ainsi, faisant auxiliairement . . . (14)

$$A = \pi . (3 - M) . [S] . \cos^2 \Delta, \quad \text{et} \quad B = (\pi - \sigma) . (3 - N) . [L] . \cos^2 \delta;$$

et considérant que $\varepsilon' = \varepsilon$, nous aurons . . . (15)

$$(\Xi 1) = \frac{A}{B . \{\cos \alpha + \sin \alpha . \text{tang}\, \varepsilon\}} .$$

Et par conséquent, l'expression fondamentale (4), en y introduisant, à la place de Ξ, la présente valeur de $(\Xi 1)$, conduira à l'équation . . . (16)

$$\text{tang}^2 \varepsilon + \frac{2 . (A + B . \cos 2\alpha)}{B . \sin 2\alpha} . \text{tang}\, \varepsilon = 1,$$

qui, en observant que l'on a généralement . . . (17)

$$\text{tang}\, 2\varepsilon = \frac{2 . \text{tang}\, \varepsilon}{1 - \text{tang}^2 \varepsilon},$$

donnera, pour l'heure ε sous l'équateur, l'expression . . . (18)

$$\text{tang}\, 2\varepsilon = \frac{(\pi - \sigma) . (3 - N) . [L] . \cos^2 \delta . \sin 2\alpha}{(\pi - \sigma) . (3 - N) . [L] . \cos^2 \delta . \cos 2\alpha + \pi . (3 - M) . [S] . \cos^2 \Delta};$$

expression qui sera complétement déterminée, et qui servira ainsi à faire connaître, dans l'expression générale (8) de la quantité auxiliaire Ξ, la première détermination ε' pour le cas des latitudes λ peu considérables, comme nous avons promis de la faire connaître pour ce cas, de même que pour le cas des grandes latitudes λ, pour lequel l'expression (10) nous a donné cette première détermination ε'.

Il faut ici remarquer que la dernière expression (18) donne aussi la longitude géographique du point culminant de la marée, par rapport au méridien où se trouve le soleil, lorsque, comme on peut le faire sensiblement dans la zone torride, on suppose que la ligne des hautes marées, dans un même instant, se confond avec un méridien terrestre. Mais, et c'est ce qu'il faut ici remarquer essentiellement, hors de la zone torride, et même dans cette zone, lorsque les latitudes λ deviennent sensibles, et surtout considérables, la ligne des hautes marées qui, dans un instant donné, résulte de l'intersection culminante des deux sphéroïdes aqueux, solaire et lunaire, ne se confond qu'en syzygies avec un méridien terrestre. A toute autre époque qu'en syzygies, cette ligne des hautes marées forme, même sur un ellipsoïde régulier, une courbe à double courbure, comme on peut le concevoir *a priori*, et comme le prouve rigoureusement la comparaison des deux expressions présentes (10) et (18), dont la première donne l'heure de la haute mer pour les grandes latitudes, près des pôles, et dont la seconde donne l'heure de la haute mer pour les petites latitudes, près de l'équateur; expressions qui, à l'exception seulement de l'époque des syzygies, c'est-à-dire, lorsque $\alpha = 0$ ou $\alpha = \frac{\pi}{2}$, donnent généralement des valeurs bien différentes, surtout à l'époque des quadratures, c'est-à-dire, lorsque $\alpha = \frac{\pi}{4}$ ou $\alpha = \frac{3\pi}{4}$.

Eh bien, c'est faute d'avoir distingué ou d'avoir su déterminer cette ligne à double courbure des hautes marées simultanées que Laplace, partant de la fausse théorie des fluides, est tombé dans l'erreur grave qu'il a commise dans sa solution du problème de l'heure de la haute mer, en prétendant que cette heure est la même pour tous les pays situés sur un même méridien géographique. Et cette grave erreur de Laplace provient directement de ce que, au n° 21 de sa théorie, il déduit la solution en question d'une autre solution également erronée, qu'il donne au n° 20 pour la hauteur des marées, comme nous le verrons dans l'ouvrage annoncé plus haut. — Mais, examinons d'abord la formule qu'il donne ainsi pour l'heure de la pleine mer, et que le Bureau des Longitudes de France a adoptée pour calculer annuellement, dans ses Éphémérides, cette fausse indication pour la marine française.

Or, en nous servant de notre notation présente, cette formule de Laplace pour l'heure de la pleine mer, telle qu'il l'a produite au n° 21 et reproduite au n° 42, à la fin de sa théorie, pour servir au calcul des marées, est . . . (19)

$$\tang 2\varepsilon = \frac{[L].\cos^2\delta.\sin 2\alpha}{[L].\cos^2\delta.\cos 2\alpha + [S].\cos^2\Delta}.$$

Et cette formule de Laplace, qui n'est au reste qu'une modification de celle de D. Bernoulli, n'est rien de plus qu'une approximation de notre formule spéciale (18) qui, comme nous venons de le voir, ne sert à déterminer l'heure de la pleine mer que pour les seuls pays situés sous l'équateur. Ainsi, pour tous les autres pays, c'est-à-dire, pour notre globe tout entier, à l'exception seulement de la ligne de l'équateur, cette formule de Laplace, d'après ce que nous apprend maintenant la vraie loi générale (4) et (8), est complétement erronée. Et par conséquent, comme nous l'avons avancé, les calculs que, suivant cette formule erronée de Laplace, le Bureau des Longitudes de France produit dans ses Éphémérides, pour l'heure de la pleine mer, sont nécessairement faux et exposent ainsi la marine française à des dangers graves et certains. — Qu'on ne nous dise pas que ces calculs ne se rapportent proprement qu'aux pays situés sous l'équateur; car, l'exemple que le Bureau des Longitudes allègue, dans son *Annuaire*, pour ce calcul de l'heure de la pleine mer, est pris sur le port de Brest, dont la latitude est de plus de 48 degrés.

Mais, laissons là ces erreurs privilégiées, par lesquelles les corps savants, en les imposant au public et aux gouvernements, exploitent la société, probablement sans le savoir et sans se douter des dangers graves qu'ils peuvent ainsi causer à leurs pays. Et bornons-nous, après avoir signalé et redressé ces dangereuses erreurs, à offrir à la marine de tous les grands États, surtout à celle de la France que son Bureau des Longitudes induit en erreur, les vraies lois présentes (4) et (8) pour le calcul exact, à toutes les latitudes géographiques, du principal phénomène des marées, duquel dépend notoirement le salut journalier de la marine, commerciale et militaire, de tous les pays. — A cette fin, il faut ici remarquer que, pour la pratique de la navigation, les formules que nous venons de présenter, sans subir des erreurs sensibles, peuvent être simplifiées considérablement en faisant . . . (20)

$$M = 0, \qquad N = 0, \qquad \frac{\pi}{\pi - \sigma} = \frac{30}{29}, \qquad (1 + \beta) = \frac{156}{155};$$

et en donnant, au rapport des forces [S] et [L], à peu près la valeur . . . (21)

$$\frac{[S]}{[L]} = \frac{3\,964\,016}{10\,193\,617} \cdot \left(\frac{1886}{1923}\right)^3 \cdot \left(\frac{\Phi}{\Psi}\right)^3,$$

dans laquelle les quantités Φ et Ψ forment les diamètres apparents ou angulaires du soleil et de la lune; quantités qui, ainsi que les déclinaisons Δ, δ, et la différence α des ascensions-droites de ces astres, sont données journellement dans les Éphémérides nautiques, et peuvent alors servir immédiatement, surtout à l'aide de tables, au prompt calcul présent de la véritable heure de la haute mer pour toutes les latitudes géographiques.

« En effet, par les présentes déterminations numériques (20), la quantité auxiliaire et générale (8) se réduira à la valeur très-simple . . . (22)

$$\Xi = \frac{30}{29} \cdot \frac{[S]}{[L]} \cdot \frac{312 \cdot \cos^2\Delta \cdot \cos\varepsilon' + 155 \cdot \tang\lambda \cdot \sin 2\Delta}{312 \cdot \cos^2\delta \cdot \cos(\varepsilon' - \alpha) + 155 \cdot \tang\lambda \cdot \sin 2\delta},$$

dans laquelle il n'entre plus d'inconnue que la première détermination ε', qui, d'après ce que nous avons vu plus haut, est donnée par la formule (18) ou par la formule approchée (19) de Laplace, lorsque les latitudes λ ne sont pas trop grandes. On pourra donc, dans ce cas, pour avoir cette première détermination ε' de l'heure cherchée ε, se servir des procédés tabulaires que, d'après cette formule (19) de Laplace, le Bureau des Longitudes de France indique annuellement dans ses Éphémérides, ou bien, on peut même se servir des procédés plus simples de la formule de D. Bernoulli; et de cette manière, les travaux antérieurs ne seront pas entièrement perdus. Mais, lorsque les latitudes λ sont très-grandes, la première détermination ε' dans la présente (22) quantité auxiliaire Ξ, est donnée par la formule (10), savoir . . . (23)

$$\tang\varepsilon = \frac{29 \cdot [L] \cdot \sin 2\delta \cdot \sin\alpha}{29 \cdot [L] \cdot \sin 2\delta \cdot \cos\alpha + 30 \cdot [S] \cdot \sin 2\Delta},$$

qui, comme nous l'avons vu, détermine l'heure ε pour les régions polaires. »

Telle est donc la détermination générale et rigoureusement exacte de l'heure de la pleine mer. — Mais, cette détermination générale ne se rapporte proprement qu'aux mers libres. Et elle ne fixe ainsi que l'heure virtuelle des marées sur les côtes maritimes, où il faut notoirement tenir compte du susdit retard local, nommé *établissement du port*, provenant de la durée de la formation des marées et de la propagation des ondes; retard dont nous ferons connaître, dans notre science nautique des marées, les lois spéciales pour toutes les côtes maritimes, ainsi que nous le dirons ci-après, où nous signalerons les variations qu'éprouve ce retard et qui demeurent encore complétement inconnues. Nous y ferons connaître également la cause du mystérieux retard de trente-six heures qu'éprouvent toutes les marées, même dans les mers libres.

A cette occasion, et avant de procéder à la question essentielle des marées sur les côtes maritimes, question méconnue entièrement jusqu'à ce jour, nous devons faire remarquer ici que la détermination générale que nous venons de donner, sous les marques (1) et (5), pour l'heure de la marée dans les mers libres, c'est-à-dire, pour l'heure virtuelle des marées, est en même temps la détermination rigoureuse de l'heure des marées atmosphériques, correspondant à toutes les latitudes géographiques, dont nous pourrons déduire toutes les circonstances anémométriques qui en résultent sur tous les points du globe terrestre, et qui, entre autres usages météorologiques, pourront ainsi concourir à régler la navigation aérienne. Les observations récentes, faites à l'île Sainte-Hélène, et surtout celle du capitaine Elliot, faites à Madras, confirment nos résultats. Et spécialement l'observation faite à Singapore, qui indique une élévation de 1,0057 de la colonne barométrique par l'action de la lune sur l'atmosphère, offre une donnée numérique positive pour constater tous nos résultats concernant les circonstances anémométriques qui proviennent du flux et reflux de l'atmosphère.

Mais revenons à la mer, et signalons maintenant les circonstances anormales des marées que notre nouvelle science nautique des marées découvre exactement pour tous les points des côtes maritimes, et dont l'ancienne science existante n'avait même pas conçu le problème jusqu'à ce jour, par la supposition que l'infinie variation de ces circonstances anormales sur les côtes maritimes, n'admettait pas la possibilité de l'existence des lois qui président à ces variations infinies. Et cependant, c'est la connaissance spéciale de ces marées infiniment variables sur les côtes maritimes, qui est principalement et même uniquement nécessaire à la navigation maritime. Voici ce que l'on en dit dans le nouveau *Dictionnaire de marine*, rédigé par MM. les capitaines de vaisseau Bonnefoux et Paris, et publié sous les auspices de M. le vice-amiral baron de Mackau, ministre de la marine et des colonies : « Il est à remarquer qu'en beaucoup de localités les changements de niveau qui ont lieu pendant les marées occasionnent des courants aussi violents que variables; en effet, si les eaux de la mer se précipitent, de temps à autre, dans des bassins plus vastes ou dans des lits plus resserrés, il ne peut qu'en résulter des variations presque continuelles dans la force et dans la direction de ces courants. Par leur effet naturel, et par suite de ces variations, les marées compliquent beaucoup les opérations de la navigation ou des mouvements des navires sur les côtes, dans les rades, fleuves et ports où elles se font sentir, surtout en ce qui concerne les séjours sur rades, les appareillages, les atterrages et les mouillages; on ne saurait donc, principalement les pilotes, trop en étudier les effets, ainsi que les moyens, soit d'en profiter quand il y a lieu, soit de se mettre en garde contre eux, lorsqu'ils sont défavorables. »

Ainsi, c'est des observations des pilotes que dépend, jusqu'à ce jour, la sûreté de la navigation sur les côtes maritimes. Et, en effet, les quelques règles empiriques que la science a induites de ces observations des pilotes, n'offrent que des procédés de routine, extrêmement précaires et sujets à des exceptions continuelles au point qu'avec ces règles empiriques, les marins se trouvent notoirement exposés à des dangers graves et éminents. Et lorsqu'on ne peut se procurer des pilotes sur les côtes ennemies, et lorsqu'il n'en existe pas encore dans des parages inconnus, la navigation ne peut se faire qu'au risque de périls certains. — Il importe donc essentiellement, à la sûreté de la navigation, que l'on découvre, pour tous les points des côtes maritimes, des lois qui, dans ces parages, règlent invariablement les circonstances anormales des marées. Et c'est ce que notre nouvelle science nautique des marées s'engage à faire complétement.

Pour donner une idée de ces lois nouvelles que suivent les marées anormales sur les divers points des côtes maritimes, nous allons faire connaître ici, par anticipation, le théorème fondamental duquel dérivent ces lois de la modification ou des anomalies des marées sur ces points distincts des côtes maritimes. — Ce théorème fondamental est :

Dans l'étendue d'une journée, les marées dans un lieu quelconque, soit dans les mers libres, soit sur les côtes maritimes, oscillent autour d'un point fixe, qui est situé dans le plan du méridien de ce lieu.

Et voici au moins la première détermination de ce centre d'oscillation, telle qu'elle est produite maintenant dans notre nouvelle science nautique, proposée aux Amirautés des pays maritimes. — Dénotons par $h1$, $h2$, $h3$, les hauteurs respectives des trois marées consécutives, observées en syzygies sur le point donné des côtes maritimes, de manière que $h1$ soit la haute marée supérieure, que $h3$ soit la haute marée inférieure, et par conséquent que $h2$ soit la basse marée intermédiaire; l'origine de ces mesures étant arbitraire. Conservant alors la notation que nous venons d'adopter, formons les deux quantités auxiliaires B et C, qui demeurent sensiblement constantes, savoir . . . . (24)

$$B = \frac{\frac{1}{2}.(h1 + h3) - h2}{3r.\{\cos^2\Delta.[S] + \cos^2\delta.[L]\}},$$

$$C = \frac{h1 - h3}{r.\{\sin 2\Delta.[S] + \sin 2\delta.[L]\}};$$

et désignant par ξ et ζ les deux coordonnées du centre d'oscillation en question, de manière que ξ soit sa distance à l'axe, et ζ sa distance à l'équateur de la terre, nous aurons . . . (25)

$$\xi^2 = (1+\beta).\left\{\frac{b^2.\cos^2\lambda}{1+\beta.\cos^2\lambda} - 2B.\frac{(g).a^2.\sqrt{(1+\beta.\cos^2\lambda)}}{b.\sqrt{(1+\beta)}}\right\},$$

$$\zeta.\xi = \left\{\frac{b^3.\sin 2\lambda}{2.(1+\beta.\cos^2\lambda)} - C.\frac{(g).a^2}{3b}.\sqrt{(1+\beta)}.\sqrt{(1+\beta.\cos^2\lambda)}\right\};$$

en désignant ici par a le demi-axe de la terre, et par (g) la mesure de la pesanteur à la surface de la terre et à la latitude λ, c'est-à-dire, le double de l'espace parcouru par la chute libre des graves dans une seconde sexagésimale de temps.

Ces déterminations seront d'autant plus exactes que les observations $h1$, $h2$, $h3$ seront faites expressément, pour la détermination de la quantité B, vers l'époque des équinoxes, et pour la détermination de la quantité C, vers l'époque des solstices, en observant que, lors même que ces coordonnées ξ et ζ deviennent idéales (imaginaires), elles servent toujours de moyen à la détermination exacte de toutes les circonstances des marées sur les différentes côtes maritimes.

Ce théorème fondamental, et extrêmement remarquable, décide enfin de la possibilité de calculer, d'une manière aussi prompte qu'exacte, toutes les circonstances locales des marées, ainsi qu'on le verra dans la nouvelle science nautique des marées, que nous annonçons. Et par conséquent, ce théorème fondamental, qui sert ainsi de base à la véritable science des marées, laquelle, jusqu'à ce jour, n'a nullement existé, décide de l'importante possibilité de prédire toutes les circonstances du phénomène des marées en tout lieu, comme celles des autres phénomènes célestes. D'ailleurs, ce théorème est aussi beau pour la philosophie qu'il est important pour la navigation. En effet, ce n'est qu'au moyen de cette loi simple et générale qu'il devient possible de concevoir quelque ordre, ou quelque unité systématique, dans ce chaos d'irrégularités qu'offrent, sur notre globe, les diverses affluences et décharges des eaux par les marées. Mais, ce qu'il y a ici de plus remarquable, c'est que, surtout pour les grandes anomalies aux environs de l'équateur, les coordonnées données par les présentes expressions (25), et servant à déterminer le centre d'oscillation des sphéroïdes aqueux, peuvent recevoir des valeurs idéales (vulgairement dites imaginaires); de sorte que cette loi fondamentale subsiste alors idéalement, et que néanmoins, et en toute réalité, les irrégularités les plus désordonnées, fixées par cette loi, paraissent seules avoir lieu. Et c'est ainsi que, dans notre nouvelle science nautique des marées, se trouvent expliquées et déterminées positivement tous ces phénomènes mystérieux des marées que la science n'a pu concevoir jusqu'à ce jour, comme on le dit expressément à la page 488 du *Dictionnaire de marine* que nous avons cité plus haut. Voici le passage en question :

« Quoique le phénomène des marées soit dû à l'action de la lune et du soleil, cependant plusieurs particularités de ce phénomène restent encore inexpliquées; par exemple, entre les tropiques, à quelques exceptions près, les marées sont très-faibles quoique l'action de ces astres y soit perpendiculaire à la surface des eaux; dans quelques îles de la mer du Sud, il n'y a qu'une marée par jour; la mer Méditerranée et la mer Baltique n'ont presque pas de marée; il existe, d'ailleurs, peu de ports où la mer se trouve haute au moment du passage de la lune au méridien. »

Eh bien! comme nous venons de le dire, la nouvelle science nautique des marées, c'est-à-dire, cette véritable science des marées offrira, pour tous ces phénomènes mystérieux, non-seulement leur explication, mais de plus leur exacte détermination numérique.

Tout ce que, dans ce Programme, nous pouvons dire de plus concernant le susdit théorème fondamental de la nouvelle et véritable science des marées, c'est de signaler la position différente du centre d'oscillation des sphéroïdes aqueux variables qui, dans un lieu maritime, forment les marées, de ce centre d'oscillation qui est fixé par les coordonnées déterminées par les expressions (25). Ainsi, nous dirons que, pour tous les lieux situés dans les mers libres, leur centre d'oscillation se trouve toujours aux pôles mêmes du sphéroïde aqueux général de la terre, et que, pour les lieux situés sur les côtes maritimes, leur centre d'oscillation se trouve d'autant plus éloigné de ces pôles, que l'étendue des anomalies des marées dans ces lieux est plus considérable.

Enfin, pour faire concevoir les nouvelles lois des marées qui fixent ainsi, dans les différents lieux maritimes, toutes les circonstances de ce phénomène, nous ajouterons que, dans leur variation locale, ces lois dépendent de certains nombres indéterminés, qui appartiennent exclusivement, dans leur détermination, aux lieux maritimes distincts auxquels ils se rapportent, et qui fixent ainsi manifestement la POSITION MARITIME de chacun de ces lieux maritimes distincts. Parmi ces nombres, qui fixent ainsi la position maritime des lieux distincts sur notre globe, il en existe deux classes : les uns se rapportent à l'heure locale des marées, et les autres à leur hauteur locale. Les principaux de ces nombres caractéristiques des lieux maritimes sont, pour la première classe, pour ceux qui se rapportent à l'heure locale des marées, quatre nombres que nous désignons généralement par les quatre lettres Ψ, M, N, G, dont le premier Ψ fixe l'heure locale virtuelle des marées, et dont les trois derniers M, N, et G fixent le retard de l'heure réelle des marées, nommément, les deux nombres M et N fixent la propagation locale des ondes, et le nombre G la variation locale de cette propagation. Et les principaux des nombres caractéristiques en question sont, pour la seconde classe, pour ceux qui se rapportent à la hauteur locale des marées, également quatre nombres que nous désignons généralement par les quatre lettres A, B, C, R, dont les trois premiers fixent l'oscillation locale des eaux, nommément, le nombre A l'oscillation annuelle, le nombre B l'oscillation diurne, et le nombre C l'oscillation demi-diurne, et dont le dernier R fixe le règlement du niveau naturel des eaux. — Ainsi, il suffira de connaître, pour un lieu quelconque, en pleine mer et spécialement sur les côtes maritimes, les huit nombres susdits qui fixent la position maritime de ce lieu distinct, pour pouvoir calculer, par les formules que découvre notre nouvelle science nautique des marées, et qu'elle a déduite du susdit théorème fondamental (25), toutes les circonstances de ce mystérieux phénomène qui est demeuré inexplicable jusqu'à ce jour.

C'est là manifestement le résultat majeur de la nouvelle science nautique des marées que nous annonçons dans ce Programme. — Aussi, dans la Conclusion qui se trouve à la fin du Manuscrit secret, qui contient l'exposé didactique de cette science nouvelle, et qui sera livré au gouvernement disposé à en faire l'acquisition, avons-nous caractérisé plus spécialement le résultat majeur que nous venons de signaler. Nous allons donc, pour faire bien connaître ce résultat décisif, reproduire ici, par anticipation, cette Conclusion de la nouvelle science nautique des marées. — La voici.

« Nous ne saurions mieux donner une idée de ce résultat majeur et éminemment utile de la présente science nautique des marées, qu'en produisant ici en blanc le Modèle de la réalisation numérique d'une Table propre à être insérée annuellement aux Éphémérides nautiques, dans les limites étendues où, dès aujourd'hui, elle deviendra immédiatement utile pour tous les principaux points abordables sur les côtes maritimes de notre globe. Et pour ne pas nous écarter de l'usage suivi dans l'indication de ces principaux points maritimes, nous en présenterons ici la liste d'après le recueil de Romme, reproduit récemment, et nous y joindrons, dans la réalisation numérique du Modèle présent, les observations accessoires qu'on a produites dans ces recueils, et qui, en outre de nos principaux résultats numériques, pourront être utiles aux navigateurs. Nous nous bornerons ici, par anticipation sur ces observations accessoires, à faire remarquer que, pour les points maritimes qui, d'après la liste présente, se trouvent dans les mers fermées, telles que la Méditerranée, la mer Noire, la Baltique, etc., il sera indiqué combien ils sont, plus ou moins, atteints par le phénomène général du flux et reflux de la mer, ou du moins par l'influence des vents, comme par exemple à Saint-Pétersbourg. — Pour tous les autres points maritimes qui sont nommés dans la liste présente, et qui sont régulièrement soumis au phénomène des marées, les huit nombres susdits, A, B, C, R, et Ψ, M, N, G, qui, d'après le Modèle présent, serviront à fixer la *position maritime* de ces points distincts, seront inscrits expressément dans la Table pour laquelle nous produisons ici ce Modèle. Même pour le petit nombre de ces points maritimes, où l'on n'a pas encore fait d'observations des marées, ainsi que pour ceux où l'on n'a pas encore fait des observations suffisantes, nous inscrirons dans la Table dont il s'agit, des nombres propres à servir aussitôt que, dans ces parages, on aura fait, dans un intervalle de quelques heures, deux observations pour lesquelles nous indiquerons les procédés et les moyens de s'en servir à l'avenir avec les nombres qui, pour ces parages respectifs, seront inscrits dans la Table. — Voici donc le Modèle en question de cette Table décisive pour le salut de la navigation, dépendant de la connaissance des marées. . . .(26).

MODÈLE DE LA TABLE GÉNÉRALE

DES CIRCONSTANCES LOCALES DES MARÉES.

NOMS des LIEUX MARITIMES.	POSITION GÉOGRAPHIQUE.			POSITION MARITIME.								OBSERVATIONS.
				HEURE DES MARÉES.				HAUTEUR DES MARÉES.				
					RETARD.			OSCILLATIONS.				
	LONGITUDE.	LATITUDE.	RAYON.	HEURES virtuelles	Propagation des ondes.		Variation.	Annuelle.	Diurne.	Demi-diurne.	RÉGULATEUR DU NIVEAU.	
La liste de ces noms est indiquée immédiatement après ce Modèle.				Ψ . . . . (CCXCV).	M . . . . (CCLXXXII)	N . . . . (CCLXXIX).	G . . . . (CCLXXXVI).	A . . . . (CCXLIV).	B . . . . (CCLII) et.	C . . . . (CCLIII).	R . . . . (CCXCI).	

« Dans ce Modèle, les lettres Ψ, M, N, G, et A, B, C, R, désignent les quantités qui seront inscrites dans leurs colonnes respectives; et les nombres romains, placés sous ces lettres, dans leurs colonnes, indiquent les formules qui, dans la présente science nautique des marées, sont découvertes et données complétement pour pouvoir, par leur application, obtenir la valeur numérique de ces décisives quantités en question.

« Quant à la liste des noms des lieux maritimes qui seront inscrits dans la première colonne de cette Table, et pour lesquels y seront inscrites les valeurs numériques des huit quantités en question, servant à calculer toutes les circonstances des marées dans ces respectifs lieux maritimes, nous allons l'indiquer, en rangeant ces lieux, suivant l'usage susdit, en cinq compartiments distincts, que présentent les mers de notre globe, savoir: 1° la Partie orientale de l'Océan Atlantique; 2° la Partie occidentale de l'Océan Atlantique; 3° l'Océan Pacifique; 4° l'Océan Indien; et 5° le Golfe Persique, la Mer Rouge, la Mer Méditerranée, la Mer Noire, la Mer Caspienne, et la Mer Baltique. — Voici cette liste :

« 1er *Compartiment.* = PARTIE ORIENTALE DE L'OCÉAN ATLANTIQUE.

« Dans ce 1er Compartiment, en comptant depuis le Cap de Bonne-Espérance jusqu'au Cap Bangore, il existe 725 points maritimes, distincts et remarquables.

« 2e *Compartiment.* = PARTIE OCCIDENTALE DE L'OCÉAN ATLANTIQUE.

« Dans ce 2e Compartiment, en comptant depuis la Nouvelle-Zemble jusqu'au Cap Horn, il existe 295 points maritimes, distincts et remarquables.

« 3e *Compartiment.* = OCÉAN PACIFIQUE.

« Dans ce 3e Compartiment, en comptant depuis les Côtes du Chili jusqu'à la Baie Duski, il existe 157 points maritimes, distincts et remarquables.

« 4e *Compartiment.* = OCÉAN INDIEN.

« Dans ce 4e Compartiment, en comptant depuis la Nouvelle-Hollande jusqu'à la Terre de Kerguelen, il existe 123 points maritimes, distincts et remarquables.

« 5e *Compartiment.* = MERS FERMÉES.

« Dans ce 5e Compartiment, en comptant depuis le Golfe Persique jusqu'à la Mer Baltique, il existe 37 points maritimes, distincts et remarquables en ce qui concerne les marées.

« En tout, il existe, dans ces cinq Compartiments, environ 1340 points maritimes distincts, qui tous seront inscrits dans la première colonne de la Table en question, pour laquelle nous venons de présenter le Modèle.

« Il ne restera donc, pour l'urgent salut de la navigation, qu'à réaliser cette Table, en y inscrivant, contre chacun des 1340 lieux maritimes que nous venons d'indiquer dans la liste précédente, les huit nombres en question, par lesquels on pourra, dans chacun de ces lieux maritimes, calculer promptement toutes les circonstances des marées, leur heure et leur hauteur, pour des époques quelconques. — Eh bien, nous nous engageons formellement à livrer cette Table, tout accomplie ainsi numériquement, au Gouvernement qui fera l'acquisition de la présente science nautique des marées, et par conséquent de son résultat immédiat, formant la Table dont il s'agit. — Nous avons promis, à l'occasion des formules (CCLXVI) concernant les modifications anémométriques des marées, que nous ferions également connaître à ce Gouvernement la détermination définitive de ces formules, afin que l'on puisse calculer exactement l'influence assez perturbatrice que les vents exercent sur les marées, par leur intensité, leur durée, et leur rumb ou direction. Et nous réitérons ici notre engagement à cet égard. — Nous avons cru devoir tenir secrètes ces modifications anémométriques des marées, et surtout la présente Table de leurs circonstances locales sur les côtes maritimes, afin que le Gouvernement qui en fera l'acquisition, puisse garder, pour lui seul, la connaissance du mouvement des eaux dans tous les ports, havres et côtes maritimes de notre globe, à moins que, pouvant écarter des motifs politiques, il ne juge convenable, pour le bien de l'humanité, de rendre publique cette connaissance.

« Il serait sans doute inutile de faire ici valoir l'importance majeure de cette actuelle connaissance accomplie des marées sur tous les points maritimes de notre globe. Nous nous bornerons à faire remarquer que ce qui rehausse cette importance, c'est que, jusqu'à ce jour, la science n'a pu résoudre ce difficile problème. En effet, comme nous l'avons fait remarquer plus haut, non-seulement on n'a pas résolu le problème des anomalies des marées sur les côtes maritimes, mais, ce qui est décisif, on n'a même pas conçu encore ce problème; et cependant, c'est surtout la connaissance de ces anomalies des marées sur les côtes maritimes qui intéresse les navigateurs, puisque c'est de cette seule connaissance que dépend principalement la sûreté de la navigation. Bien plus, même dans les mers libres, aucun des deux grands problèmes des marées, ni celui de leur heure, ni celui de leur hauteur, ne sont encore résolus exactement. Pour preuve, nous nous bornerons ici à alléguer les derniers de ces travaux scientifiques, nommément, la théorie des marées de Laplace, que le Bureau des Longitudes de Paris a adoptée pour calculer avec elle, dans ses Éphémérides, les circonstances des marées pour la marine française. Or, nous avons montré plus haut que la formule de Laplace pour l'heure des marées est inexacte, en ce qu'elle est indépendante de la latitude du lieu, latitude qui est manifestement un élément essentiel de la détermination de cette heure; d'où il résultait que la formule de Laplace pour la hauteur des marées, de laquelle il avait déduit celle de l'heure, est également inexacte. D'ailleurs, il est évident que cette formule de Laplace pour la hauteur des marées est fausse, puisqu'elle est indépendante de la latitude; indépendance qui donnerait, pour les pôles, une constante élévation de la mer, tandis qu'il y existe manifestement une constante dépression de la mer, par suite du phénomène des marées. Et remarquez que toutes ces formules de Laplace ne portent que sur les mers libres, d'où l'on peut présumer les erreurs graves que cet auteur aurait commises s'il avait pu concevoir et traiter le problème des anomalies des marées sur les côtes maritimes. Mais, ce que l'on peut déjà en conclure infailliblement pour les côtes maritimes, c'est que cette application de la théorie de Laplace aux côtes maritimes est doublement erronée, d'abord, parce qu'elle est déjà fausse dans les mers libres, pour lesquelles seules cette théorie a été calculée, et ensuite parce que, même dans le cas où elle serait vraie, son application aux côtes maritimes, par le calcul de l'heure dans les mers libres et par la prétendue unité de hauteur sur les côtes, serait déjà une grave erreur. — Dans la présente science nautique des marées, nous signalons toutes ces erreurs de Laplace, et les dangers auxquels le Bureau des Longitudes de Paris, en adoptant ces erreurs, expose constamment la marine française. — Ce qui forme le trait caractéristique et par conséquent décisif dans ces erreurs du Bureau des Longitudes de Paris, c'est que, par l'adoption de sa prétendue *unité de hauteur* sur les côtes maritimes, il prouve que, comme Laplace, il ignore la position du véritable niveau naturel de la mer, de celui que les eaux de la mer auraient si la lune et le soleil cessaient d'exercer leur action sur la mer. Nous prouvons, en effet, sous la marque (CXCIII) *bis* de notre présente rigoureuse science des marées, que, déjà à la latitude de 45 degrés, la moyenne haute marée ne dépasse plus le niveau naturel des eaux. Et il en est ainsi à plus forte raison pour des pays situés à des latitudes plus grandes, où tout le jeu des marées se passe au-dessous du niveau naturel des eaux; de sorte que si la lune venait à disparaître, tous ces pays à haute latitude se trouveraient inondés. — Pour preuve de ce manque de savoir chez Laplace et chez les savants qui adoptent ses erreurs, il suffira de faire remarquer que, dans l'*Annuaire* du Bureau des Longitudes de Paris, en parlant de la hauteur des marées, ces savants disent expressément que « *l'unité de hauteur* est la quantité dont la mer s'élève et « s'abaisse relativement au niveau moyen *qui aurait lieu si l'action du soleil et de la lune* « *venait à cesser.* » — Nous pourrions tirer, de ce manque de savoir, une nouvelle preuve de ce que Laplace et les savants qui adoptent ces théories erronées, ignorent les véritables principes de la Mécanique céleste, une nouvelle preuve, disons-nous, que nous pourrions ajouter à celle que nous avons donnée dans notre *Accomplissement de la Réforme de la Mécanique céleste*, qui se trouve à la suite de l'*Épître à S. M. l'Empereur de Russie*, où nous avons montré que Laplace, Poisson, et généralement les académiciens de Paris ne comprennent pas le véritable esprit de la Mécanique céleste, ayant méconnu LA LOI FONDAMENTALE de cette science, et ayant ainsi voulu faire marcher les astres dans des *orbites à rainures.* »

C'est en nous fondant sur ce manque de savoir scientifique que nous reconnaissons l'impossibilité de donner la démonstration théorique de la présente science nautique des marées, d'après l'examen qui en serait fait par des corps savants, et spécialement par l'Académie des Sciences de Paris. En effet, tout en faisant ici volontiers abstraction des erreurs graves et évidentes que nous venons de signaler et qui, dominant parmi ces savants, pourraient, pour le moins, offusquer leur attention, il serait impossible d'arriver à la démonstration théorique en question autrement qu'en remontant aux principes absolus de notre réforme de la Mécanique céleste et de la Construction mécanique de la terre, principes desquels dérive notre présente science nautique des marées, et en renonçant ainsi aux principes actuels et insuffisants de ces deux hautes sciences astronomiques. Et une telle abnégation du savoir, sur lequel se fondent de grandes renommées scientifiques, est impossible aujourd'hui.

Il faudrait nommément, d'abord pour la Mécanique céleste, reconnaître la loi fondamentale de cette haute et si glorieuse science, la loi . . . (27)

$$G.dx = -\omega.d\varphi,$$

qui se trouve toute démontrée à la marque (260) de notre *Accomplissement de la Réforme de la Mécanique céleste*, à la suite de notre *Épître à S. M. l'Empereur de toutes les Russies*, et dans laquelle loi, l'attraction G des astres, indiquée à la marque (284), savoir . . . (28)

$$-G = \frac{\text{מ}}{r^{x+1}},$$

s'exerce en raison inverse d'une puissance quelconque $(x + 1)$ de la distance r, manifeste ou tacite, de ces astres; attraction variée qui existe ainsi réellement dans les différents systèmes stellaires, dans le nôtre et dans les innombrables systèmes stellaires que, d'après les observations récentes, forment les différentes nébuleuses, comme nous l'avons prouvé rigoureusement dans l'ouvrage que nous venons de citer. Il faudrait ainsi reconnaître, comme nous le prouvons à la marque (291) de ce même ouvrage, que, dans le mouvement libre des astres, provenant d'une permanente égalité entre la force centrifuge et la force centripète, telle que cette égalité est opérée par la susdite loi fondamentale (27), les aires ne sont rigoureusement proportionnelles aux temps que dans le seul cas où l'exposant $\varkappa$, dans l'expression (28), est $\varkappa = 1$, c'est-à-dire, dans notre seul système solaire. Il faudrait donc reconnaître que la fameuse loi de la *conservation des aires* n'est pas généralement vraie, lorsqu'on l'applique au mouvement libre des astres, tel qu'il résulte de notre loi fondamentale (27) de la Mécanique céleste. Il s'ensuit que, lorsqu'on veut assujettir le mouvement des astres à cette loi des aires, pour un exposant $\varkappa$ différent de l'unité, dans l'expression (28) de l'attraction des astres, ce mouvement ne pourrait s'opérer librement, et il faudrait, pour qu'il pût avoir lieu, garnir les orbites de RAINURES. Nous l'avons prouvé définitivement dans l'*Épître adressée à S. A. le prince Louis-Napoléon*, où nous avons démontré qu'en faisant subsister universellement cette loi des aires, en contradiction avec l'égalité permanente entre la force centrifuge et la force centripète, soutenue par notre loi fondamentale (27), les académiciens de Paris ont trouvé, d'abord, pour une attraction en raison inverse du cube des distances, une prétendue orbite spirale (337), et ensuite, pour une attraction en raison directe des distances, une prétendue orbite elliptique (339), dont le foyer des anomalies serait au centre; orbites qui ne sauraient conséquemment subsister qu'en les garnissant de RAINURES.

Nous sommes donc fondés à affirmer que les savants ne connaissent pas encore notre loi fondamentale (27) de la Mécanique céleste, ce principe de l'ÉGALITÉ PERMANENTE entre la force centrifuge et la force centripète dans le mouvement des astres, et par conséquent qu'ils ne connaissent pas encore les principes de notre réforme des mathématiques, sur lesquels se fonde la théorie de notre présente science nautique des marées.

Il faudrait ensuite, pour la démonstration de cette théorie, connaître surtout les principes de notre Construction mécanique de la terre, sur lesquels se fonde immédiatement cette théorie de la présente science des marées. Et il faudrait ainsi commencer par renoncer aux trois fameux théorèmes de Newton, de Huyghens et de Clairaut, que, dans notre réforme, nous avons reconnus être erronés. Et une telle renonciation serait d'autant plus impossible aujourd'hui que c'est précisément sur le prétendu théorème de Clairaut que se trouve établie, parmi nos savants modernes, la science de la Construction mécanique de la terre, et par conséquent le système métrique de la France. — Il faudrait de plus reconnaître ici, comme pour tout système de réalités, les trois lois fondamentales de cette construction de la terre, que nous avons dévoilées dans nos *Prolégomènes du Messianisme*, nommément, la LOI SUPRÊME (LXI), savoir . . . (29)

$$x\cdot\left(\frac{dW}{dx}\right)+y\cdot\left(\frac{dW}{dy}\right)=W+\frac{u^2}{s};$$

le Concours final ou la LOI TÉLÉOLOGIQUE (XVI) et (XVII), savoir . . . (30)

$$H = W;$$

et le PROBLÈME-UNIVERSEL (LVI), savoir . . . (31)

$$x\cdot\left(\frac{dz}{dx}\right)+y\cdot\left(\frac{dz}{dy}\right)=\frac{gu^2\cdot E}{gs\mathfrak{G}+\mu u^2},$$

dont nous avons donné la solution rigoureuse aux marques (LXXXIII) et (XCV) dans le Tome I de la *Réforme du Savoir humain*, (pag. CCXVI et CCXX), où nous avons indiqué en outre, à la marque (CVI), par le moyen des mesures L′ et L″ de deux arcs terrestres, le procédé de déterminer le sphéroïde osculateur de la surface de la France ou de tout autre pays, pour servir de base réelle et impérissable à l'évaluation exacte et invariable de l'étalon que, sous le nom de *mètre*, on doit adopter comme principe du système métrique d'un pays. — Eh bien, ce sont ces connaissances de la construction mécanique de la terre qui sont principalement nécessaires pour pouvoir comprendre et par conséquent démontrer la théorie de la présente science nautique des marées.

Il faudrait enfin connaître la nouvelle et véritable théorie mathématique des fluides, dont nous avons signalé, par anticipation, les lois hydrostatiques dans les *Prolégomènes du Messianisme*, et dont nous avons déduit rigoureusement les lois hydrodynamiques, aux pages CCXXXIIJ et suivantes, dans le Tome I de la *Réforme du Savoir humain*, où nous avons fixé, à la marque (CVI), les conditions de l'équilibre des fluides; conditions desquelles dérivent immédiatement les susdites lois hydrostatiques que nous avons signalées par anticipation dans les *Prolégomènes*. — On conçoit, en effet, que la connaissance de la vraie théorie mathématique des fluides est indispensable pour comprendre et par conséquent pour pouvoir démontrer la théorie de la présente science nautique des marées.

Mais, pour arriver à cette démonstration en question, il faudrait connaître, en outre de ces principes nouveaux et absolus de l'application des mathématiques aux trois grands problèmes du monde physique, que nous venons d'indiquer, il faudrait connaître, disons-nous, les nouveaux procédés des mathématiques pures, qui résultent de notre réforme des mathématiques, fondée sur la découverte de leurs trois lois fondamentales; procédés qui, dans notre science nautique des marées, servent à la réalisation ou à la détermination mathématique des différentes circonstances de ce mystérieux phénomène du flux et reflux de la mer. Et c'est précisément cette réforme des mathématiques qui offusque le plus les savants géomètres, nos contemporains, quoique la loi suprême des mathématiques, ce principe absolu de leur réforme, ait été reconnue formellement par l'Institut de France, sur le rapport de l'illustre Lagrange, qui déclarait expressément que cette loi universelle embrasse toutes les mathématiques modernes, et que même elles n'en sont que des CAS TRÈS-PARTICULIERS. Et le déplaisir qu'a causé depuis aux savants cette réforme des mathématiques, a dégénéré chez eux en une opposition muette et hostile contre les travaux de l'auteur, au point que, dans l'Avis pour le public, qui précède son *Épître adressée à S. A. le prince Louis-Napoléon*, il dut en appeler à la postérité dans les termes douloureux que voici :

« Tout en nous résignant d'avance à la destruction de nos ouvrages, à cette destruction déjà pleinement commencée, il nous suffira de léguer à la postérité les trois lois fondamentales de cette réforme des mathématiques, telles que nous venons de les signaler plus haut; en espérant que la Providence fera au moins parvenir à la postérité ces lois fondamentales de tout le savoir humain, puisque cette réforme absolue des mathématiques est le prototype de la réforme de toutes les sciences et même de la philosophie.

« Or, la première de ces trois lois fondamentales, la LOI SUPRÊME . . . (32)

$$Fx = A_0 . \Omega_0 + A_1 . \Omega_1 + A_2 . \Omega + A_3 . \Omega_3 + \text{etc., etc.,}$$

qui est la loi de la génération universelle des quantités, a dévoilé la grande distinction, inconnue jusqu'alors, de la génération *théorique* et de la génération *technique* des quantités, dont la dernière, sans qu'on s'en doutât, constitue les mathématiques modernes, et dont la première, à peine ébauchée jusqu'à ce jour, constituera l'avenir de la science, en offrant par elle-même, par sa propre construction, une méthode qui sera conséquemment la MÉTHODE SUPRÊME des mathématiques, pour la découverte progressive des fonctions génératrices Ω_0, Ω_1, Ω_2, Ω_3, etc., qui formeront ainsi la génération théorique de toute quantité Fx, pour tout problème, et qui donneront conséquemment la solution de tous les problèmes.

« Cette première loi fondamentale fut produite en 1810, en présentant, comme cas très-particuliers de cette loi, toutes les formules connues, c'est-à-dire, toutes les mathématiques modernes. Et elle fut démontrée rigoureusement en 1815, dans le Tome I de notre *Philosophie de la Technie algorithmique*, où nous avons indiqué, sous les marques (142) et suivantes, dans sa propre construction, le problème de la Méthode suprême que nous venons de signaler. — Ce problème décisif, qui couronne les sciences mathématiques, a été résolu, par anticipation, à la marque (729), dans le Tome I de notre *Réforme du Savoir humain*, par la production de la MÉTHODE PRIMORDIALE (*), offrant la transition de l'état actuel de la science à son avenir idéal, qui sera alors régi entièrement par la méthode suprême elle-même. Et quant à cette méthode finale de la science, que nous avons signalée ultérieurement vers la marque (850) de ce Tome I de notre *Réforme*, nous avons fait connaître, à la page 63 de l'*Épître à S. M. l'Empereur de Russie*, les conditions auxquelles nous reconnaîtrons si, dans l'état actuel de la science, les savants ressentent déjà le besoin de cette méthode suprême. Et nous nous réglerons sur ce besoin pour publier ou pour renfermer dans notre tombe l'exposé définitif de cette méthode absolue.

« La deuxième de nos trois lois fondamentales, le PROBLÈME-UNIVERSEL . . . (33)

$$0 = fx + x_1 . f_1x + x_2 . f_2x + x_3 . f_3x + \text{etc., etc.},$$

qui, par sa solution également universelle, offre le moyen de la résolution générale de toutes les équations, immanentes ou transcendantes, primitives ou dérivées, pour des différentielles, totales ou partielles, en réduisant cette résolution générale à la résolution simple de l'équation . . . (34)

$$0 = fx,$$

qui, dans toute équation, quelle qu'en soit la nature, représente la partie susceptible d'une solution finie, cette partie à laquelle on peut toujours réduire toute équation proposée.

« Cette deuxième loi fondamentale des mathématiques fut produite en 1811 et 1812 dans notre *Réfutation de la Théorie des fonctions analytiques de Lagrange*, avec sa solution universelle et son application à la résolution générale des équations de tous les genres. Et pour cette résolution générale, nous avons produit en 1819, dans notre *Critique de la Théorie des fonctions génératrices de Laplace*, en vue de la présente équation réduite (34), toutes les intégrations finies qui sont possibles, pour les équations

(*) M. le comte Durutte en a donné un accomplissement (voy. l'*Épître à l'Empereur de Russie*).

aux différences et aux différentielles, totales et partielles. Mais, ce ne fut qu'en 1847 que, dans le Tome II de notre *Réforme du Savoir humain*, nous démontrâmes rigoureusement ce Problème-universel (33) et sa solution également universelle, pour pouvoir y appliquer cette deuxième loi fondamentale à la résolution générale des équations algébriques de tous les degrés, à cette résolution dont la science avait déjà désespéré. — Aussi, à cette occasion solennelle, en nous rappelant que c'est sous les auspices éclairés de l'Académie des Sciences de Paris qu'ont été détruits en France nos ouvrages mathématiques, avons-nous pris la liberté de porter un DÉFI ÉTERNEL à cette savante Académie de Paris, de démontrer les deux lois accessoires, logiques (81) ou (187), et téléologique (78) et (79), qui entrent dans notre résolution générale des équations, afin que la postérité puisse prononcer, tout à la fois, et sur la capacité scientifique et sur la valeur intellectuelle des corps savants.

« Enfin, la troisième loi fondamentale des mathématiques, le CONCOURS FINAL . . . . . . (35)

$$x^n \equiv a, \qquad (\text{mod.} = M),$$

qui établit l'harmonie ou la congruence singulière des nombres, et qui, comme telle, forme une branche entièrement nouvelle des mathématiques, dont on cherchait à découvrir quelques objets par les faux procédés, purement logiques, d'une prétendue *Théorie des Nombres*, cette troisième loi fondamentale, disons-nous, fut d'abord signalée, en 1811, dans notre *Philosophie des Mathématiques*, et fut ensuite donnée, en 1847, dans le Tome I de notre *Réforme du Savoir humain*, avec tous ses développements, formant les innombrables méthodes qui constituent cette nouvelle branche des mathématiques, ayant pour objet la finalité des nombres, dont on avait aperçu quelques théorèmes isolés, tels que ceux de Fermat et de Wilson, sans pouvoir comprendre leur véritable signification *téléologique*, entièrement distincte de l'ordinaire relation *logique* des nombres. Mais, tout en accomplissant ainsi cette nouvelle branche des mathématiques, nous n'y avons pas donné à dessein la démonstration de sa loi fondamentale (35), et nous ne la donnerons jamais. Il importe, en effet, de laisser par là un salutaire avertissement à la postérité, sur l'influence funeste qu'exercent les savants brevetés contre les progrès des sciences, en montrant que leurs hostilités ont excité en nous le sentiment de l'indignation au point de dédaigner de leur faire connaître la vérité. Nous les défions, en effet, et nous osons même défier toute la postérité de trouver une seule de ces innombrables méthodes téléologiques qui soit en défaut, et nous les défions en même temps de démontrer le principe présent (35) de ces vérités extraordinaires. Plusieurs siècles d'ignorance qui se succéderont probablement sur cette grave question, suffiront peut-être pour faire comprendre au monde savant, par ce refus de l'auteur de faire connaître la vérité, les relations qui ont existé entre lui et les savants brevetés, ses contemporains (*). »

(*) Pour prévenir la désapprobation que le public pourrait exprimer contre les savants, par suite de la seule apparence de la vérité dans la production de nos nombreux ouvrages, les savants, surtout les savants secondaires, répandent le bruit que les formules de l'auteur ne sont pas démontrées. Or, on vient de voir que, des trois lois fondamentales, desquelles seules l'auteur fait dériver toute la réforme des mathématiques, les deux pre-

Il s'ensuit immédiatement que les principes de la présente réforme des mathématiques ne sont pas encore connus des savants, et, par conséquent, que la démonstration de la science nautique des marées que nous annonçons, de cette science qui dérive entièrement des mêmes principes absolus, est encore impossible pour les corps savants. En effet, les corps savants ne peuvent prononcer sur la vérité d'une production scientifique qu'autant que les principes desquels dérive cette production, sont déjà connus des savants. Et nous venons de faire voir que les savants, nos contemporains, ne connaissent pas encore les principes de notre réforme des mathématiques, ces principes absolus desquels précisément dérive notre présente science nautique des marées. La preuve matérielle et irrécusable de ce que les savants, du moins les savants illustres de l'Académie des Sciences de Paris, ne connaissent pas encore ces principes absolus en question, c'est que, dans sa séance du 20 décembre de la dernière année 1852, cette savante Académie de Paris a propose, parmi les grandes questions de mathématiques, au prix de 3000 francs, la solution, en nombres entiers, du problème indéterminé . . . (36)

$$x^n + y^n = z^n,$$

l'exposant n étant un nombre entier quelconque. Or, depuis près de six ans, ce problème se trouve déjà résolu complétement, et même dans toute sa généralité dans notre réforme des mathématiques, nommément, à la marque (442) dans le Tome I de la *Réforme du Savoir humain* (page 242). En effet, ce problème, pris dans toute sa généralité, tel qu'il est posé à cette marque (442), en y changeant la lettre y en v, est . . . (37)

$$z^n - N.v^n = M.u^n;$$

les coefficients M et N étant des nombres entiers quelconques. Ainsi, pour réduire cette équation générale (37) au cas particulier (36) proposé par l'Académie de Paris, il suffit de faire, d'abord . . . (38)

$$M = p^n, \quad \text{et} \quad N = q^n,$$

p et q étant des nombres entiers quelconques; ensuite . . . (39)

$$p.u = x, \quad \text{et} \quad q.v = y;$$

et notre équation générale (37) prendra la forme particulière . . . (40)

$$x^n + y^n = z^n,$$

qui est précisément le problème particulier dont l'illustre Académie de Paris demande la solution. Et comme nous venons de le dire, il y a six ans que cette solution se

mières sont rigoureusement démontrées, aux endroits que nous venons d'indiquer, et que la troisième seule n'est pas démontrée à dessein, par les raisons que nous venons d'alléguer, mais que les innombrables résultats de cette troisième loi fondamentale sont tous vrais; ce qui, par le principe de raisons suffisantes, offre la preuve apagogique de la vérité de cette troisième loi elle-même. — Pour ne pas grossir inutilement nos ouvrages, déjà très-volumineux, nous avons, à la vérité, produit sans démonstration quelques formules majeures, que les savants, même avec de simples connaissances élémentaires, pourront se démontrer eux-mêmes, sinon dans toute leur généralité, du moins dans des cas particuliers, faciles à démontrer, comme on l'a déjà indiqué dans le rapport fait à l'Institut de France sur notre Loi suprême des mathématiques. D'ailleurs, Fermat, Wilson, et d'autres mathématiciens, nous ont laissé, sans démonstration, des formules non moins importantes, que de grands géomètres se sont fait honneur de démontrer.

trouve donnée, dans toute sa généralité, à la susdite marque (442) de l'ouvrage que nous venons d'indiquer et qui contient principalement notre réforme des mathématiques, comme prototype de la réforme générale du savoir humain. Et notre solution montre immédiatement qu'il existe autant de solutions particulières, possibles ou impossibles, qu'on peut prendre de nombres différents p et q pour la formation des coefficients M et N dans l'équation générale (37). Mais, ce qu'offre de plus, et tout spécialement, notre solution de l'équation générale (37), c'est que les procédés qui donnent cette solution, sont précisément ces procédés nouveaux que notre troisième loi fondamentale (35) des mathématiques introduit dans la science, nommément, les procédés *téléologiques* (de finalité), pour compléter les anciens procédés connus, savoir, les procédés *logiques* (de nécessité), qui sont régis par nos deux premières lois fondamentales (32) et (33), et qui seuls étaient et sont encore connus des géomètres. Aussi, est-ce uniquement par de tels procédés connus, nommément par des procédés logiques (de nécessité), que l'Académie des Sciences de Paris demande manifestement, car elle n'en connaît pas encore d'autres, la solution de son problème particulier (36); et comme nous le découvrons maintenant dans notre réforme des mathématiques, cette solution en question, qui est impossible par ces procédés logiques connus, exige les procédés téléologiques, encore inconnus des géomètres.

Il est donc constaté irréfragablement que les savants, et par conséquent les corps savants, ne connaissent pas encore les principes de notre réforme des mathématiques, ces principes nouveaux et absolus sur lesquels se fonde la théorie de notre présente science nautique des marées. Et de là, il s'ensuit immédiatement que la démonstration de cette théorie ne saurait encore être comprise, ni par conséquent reconnue authentiquement par les corps savants.

Nous ne doutons pas, et nous n'avons même pas besoin de le dire, que les corps savants qui existent aujourd'hui et qui illustrent leur pays, ne soient éminemment aptes à approfondir les principes absolus de notre réforme des mathématiques, et par conséquent à reconnaître alors la démonstration en question de la théorie de notre présente science nautique des marées. Mais, ce travail exigerait plusieurs années. Et la connaissance des circonstances du phénomène des marées, principalement sur les côtes maritimes, est urgente dès aujourd'hui pour la sûreté de la marine, et spécialement de la marine militaire. D'ailleurs, quand même les corps savants constateraient, par la science, la vérité de notre nouvelle science nautique des marées, il faudrait, pour la garantie de cette vérité scientifique, confirmer cette vérité par de nombreuses expériences, en considérant l'extrême gravité de son application pratique à la navigation maritime.

Pourquoi donc, sans attendre plus longtemps, ne procéderait-on pas immédiatement, dès aujourd'hui, à cette preuve décisive de l'expérience, à laquelle il faudrait toujours procéder définitivement, après de longues et insuffisantes discussions scientifiques? — Cette preuve expérimentale serait aujourd'hui extrêmement facile à obtenir, par le moyen de ce qu'on nomme *Puits des Marées*, à l'aide du maréomètre ou marégraphe, dont la première idée a été donnée par Daniel Bernoulli et reproduite dans les *Transactions philosophiques*. Mais, c'est surtout à M. Chazalon, ingénieur-hydrographe de la marine, que nous devons l'accomplissement de ces marégraphes. Ce savant ingénieur a fait construire de tels puits des marées, à Cherbourg et à Brest; et il a ainsi reconnu récemment, en 1839, l'existence des marées secondaires, quart-diurnes, etc., dont notre science nautique des marées offre l'explication complète.

Eh bien, c'est cette preuve décisive et indispensable, par le moyen des expériences, que nous offrons de donner sur-le-champ de la vérité de notre présente science nautique des marées, d'autant plus que cette science, telle que nous l'offrons ici aux Gouvernements maritimes, est purement pratique, c'est-à-dire, éminemment propre à son application immédiate à la navigation. Et nous consentons pleinement à ce que l'on fasse telles observations des marées que l'on voudra, et dans tels lieux des côtes maritimes que l'on choisira. — Nous nous engageons ici formellement, après avoir fait les simples observations, indiquées plus haut à la marque (24), pour fixer la *position maritime* des lieux qu'on nous désignera sur les côtes maritimes, nous nous engageons formellement, disons-nous, à prédire, pour les époques qu'on nous fixera, toutes les circonstances des marées dans ces lieux, nommément l'heure de la pleine mer, et la hauteur des marées pour toute heure indiquée. Et c'est par l'exactitude de cette prédiction, répétée autant que l'on voudra, que nous prétendons faire reconnaître la vérité pratique de la nouvelle et définitive science des marées que nous annonçons.

Aussi, est-ce uniquement sur le degré d'exactitude de ces prédictions, en considérant d'ailleurs la difficulté de cette exacte connaissance des marées, et l'importance de cette connaissance pour la sûreté de la navigation, que nous fondons l'offre que nous faisons aux gouvernements maritimes, qui voudront acquérir cette science nouvelle, de fixer eux-mêmes le prix de cette acquisition.

FIN DU PROGRAMME DE LA SCIENCE NAUTIQUE DES MARÉES.

EXPOSÉ POPULAIRE

DE LA

RÉFORME DES MATHÉMATIQUES.

Les difficultés, intellectuelles et peut-être morales, qui, d'après ce que nous venons de reconnaître dans le Programme précédent, s'opposent à ce que la Réforme des Mathématiques soit répandue parmi les savants, nos contemporains, et à ce que l'enseignement des mathématiques soit rendu éminemment facile, en le réglant par cette réforme, qui réduit cette grande science à trois lois fondamentales, ces difficultés, disons-nous, qui pendant longtemps encore seraient peut-être insurmontables, surtout par suite de la destruction qu'ont éprouvée en France les ouvrages où cette réforme a été produite, et par conséquent à cause de la cherté de quelques exemplaires restants, provoquent aujourd'hui la publication d'un ouvrage, tout à la fois, et systématique et élémentaire, qui, sous le titre présent d'*Exposé populaire de la Réforme des Mathématiques*, reproduirait d'abord méthodiquement cette grande réforme, et en accomplirait ensuite les différentes parties, d'après les ouvrages que l'auteur s'était proposé de publier ultérieurement. Ces ouvrages ultérieurs, dont les principaux sont rédigés en manuscrits depuis longtemps, et qui tous ont été annoncés aux pages 38 et 39 du Tome I de la *Réforme du Savoir humain*, dans le Programme de l'Accomplissement final de la Réforme des Mathématiques, qui est en tête de ce Tome I, feraient naturellement partie de l'ouvrage dont nous reconnaissons ici la nécessité de la publication présente, et qui devrait conséquemment être adéquat à ce Programme de l'accomplissement final de la réforme des mathématiques que nous venons de citer. Il suffira donc de lire ce programme à la tête de l'ouvrage que nous venons d'indiquer, pour se former une idée de l'esprit de l'ouvrage qu'il est urgent de publier actuellement, et que nous nous proposons de publier effectivement, si des obstacles, provenant de la nationalité de l'auteur, et qui l'ont déjà empêché de préserver de la destruction ses ouvrages antérieurs, ne nous empêchent également de réparer cette perte et d'achever ce grand monument scientifique. Et ne pouvant, à cause de son étendue, reproduire ici le susdit Programme du présent accomplissement final de la réforme des mathématiques, que d'ailleurs on pourra lire dans l'ouvrage que nous venons d'indiquer, nous devons au moins en présenter ici un résumé, tel que nous l'avons produit déjà aux pages 21 à 24, dans la première partie de notre récente *Philosophie absolue de l'Histoire*. — Voici ce résumé.

Aperçu du Programme scientifique du présent Exposé populaire de la Réforme des Mathématiques.

Chapitre I. — *Partie pure* des Mathématiques; réduction de toute l'Algorithmie aux *trois lois fondamentales* des sciences. = Réforme des Mathématiques.

§ I. — Loi suprême des Mathématiques. = Distinction qui en résulte en *Théorie* et en *Technie* des sciences.

Section I. — Technie des Mathématiques, formant les *Mathématiques modernes.*

A) Algorithmes techniques *élémentaires.* = Séries et Fractions continues.

B) Algorithmes techniques *systématiques.* = Interpolation.

Section II. — Théorie des Mathématiques.

A) Algorithmes théoriques *finis*, formant les *Mathématiques anciennes.*

B) Algorithmes théoriques *indéfinis*, formant l'*Avenir de la science.*

1°) Méthode primordiale; transition à cet Avenir de la science.

2°) Méthode suprême; accomplissement final de la science.

§ II. — Problème-universel des Mathématiques, et sa solution également universelle.

Section I. — Son application à la résolution générale des équations, *immanentes* de tous les degrés et *transcendantes* de tous les ordres.

Section II. — Son application à l'intégration générale des équations, aux *différences* et aux *différentielles*, totales et partielles.

§ III. — Loi téléologique, pour fonder la vraie *Théorie des Nombres*, demeurée méconnue jusqu'à ce jour.

Section I. — Résolution des *congruences* de tous les degrés et de tous les ordres.

Section II. — Résolution des *équations indéterminées* de tous les degrés et de tous les ordres.

Chapitre II. — *Partie appliquée* des Mathématiques. = Solution des trois grands problèmes du monde physique.

§ I. — Construction du *Monde* par les *Corps célestes.* = Réforme de la mécanique céleste.

Section I. — Dans notre *Système solaire.*

A) Nouvelle loi fondamentale, établie entièrement *a priori*, pour ôter à cette grande science son *caractère d'empirisme*, provenant des lois expérimentales de Keppler et de Newton.

B) Loi téléologique, pour en constituer une *science de l'ordre* à la place de la *science du désordre*, qu'elle forme actuellement par le calcul de *prétendues perturbations.*

C) Problème-universel, pour la solution définitive du fameux *problème des trois corps.*

Section II. — Dans le *Système universel* du monde (les Comètes, la Voie lactée, les Systèmes stellaires et les Nébuleuses).

§ II. — Construction des *Corps célestes*, spécialement de la terre, par la *Matière.* = Réforme de la Mécanique terrestre.

Section I. — *Erreurs actuelles.* (Ellipsoïdes de Newton, de Huyghens et de Clairaut).

Section II. — *Vérités nouvelles.*

A) *Structure extérieure* de notre globe.

a) La *Forme solide.*

b) La *Forme fluide.* = Vraie théorie des Marées.

B) *Structure intérieure* de notre globe. = La densité centrale et la loi de la densité à toute profondeur.

§ III. — Construction de la *Matière* par ses *Forces créatrices.* = RÉFORME DE LA PHYSIQUE.

Section I. — *Conditions physiques* de cette construction.

A) *Constitution primitive* de la Matière, par ses deux éléments, *hyléique* et *planétaire.* = ÉTAT CALORIQUE de la Matière.

B) *Genèse ultérieure* de la Matière. = SES QUALITÉS PROGRESSIVES (chimiques, organiques, vitales, etc.).

Section II. — *Conditions mécaniques* de cette construction.

A) *Structure intérieure.* (Gazéité, Liquidité et Solidité).

B) *Relation extérieure.* = MOUVEMENT.

a) Nouvelles lois de l'*Hydrostatique* et de l'*Hydrodynamique.*

b) Nouvelles lois du *Mouvement spontané.* = RÉFORME DE LA LOCOMOTION.

Chapitre III. — *Philosophie des sciences.* = GENÈSE de leurs parties constituantes par la LOI DE CRÉATION.

Tel est donc le résumé du Programme de l'ouvrage qu'il importe essentiellement de publier aujourd'hui pour régulariser et pour accomplir les sciences mathématiques, d'autant plus que leur présente réforme offrira le prototype de l'urgente réforme actuelle de toutes les sciences et même de la philosophie, pour la transformer enfin en une science également rigoureuse. Et c'est cet ouvrage que nous allons publier réellement, si, comme nous venons de le dire, l'auteur n'en est pas empêché par les susdits obstacles, provenant de l'indifférence pour la Vérité, indifférence qui, comme véritable cause de la chute de la Pologne (*), paraît encore inhérente à son infortunée nationalité, si glorieuse d'ailleurs.

Le mode le plus convenable de cette publication serait, sans contredit, dans la production de l'ouvrage en question par des livraisons périodiques, afin que l'on pût produire successivement les explications des difficultés que les savants auraient manifestées, et la discussion des questions analogues qu'ils traiteraient en même temps. Et comme telles, ces livraisons, publiées mensuellement, procéderaient d'une manière prompte au but de cet ouvrage. — Dans le cas où, par les raisons susdites, ou par d'autres raisons quelconques, cette publication périodique ne saurait être réalisée, l'ouvrage dont il s'agit serait publié à la suite de la Science nautique des Marées, que nous venons d'annoncer dans le Programme précédent, et qui, pour sa démonstration théorique, exige l'existence du présent Exposé populaire de la Réforme des Mathématiques, comme nous l'avons reconnu dans ce Programme précédent. Et c'est pourquoi nous joignons ici à ce Programme de la Science nautique des Marées, le présent Programme de l'Exposé populaire de la Réforme des Mathématiques, où l'on voit en effet que, dans cet Accomplissement, sera enfin donnée et par conséquent démontrée la vraie théorie des marées, dont il s'agit.

(*) Voyez la Déclaration de l'auteur dans la nouvelle édition du *Secret politique de Napoléon.*

Pour préluder à cet Accomplissement de la Réforme des Mathématiques, nous allons, par anticipation, joindre au présent Programme une loi nouvelle et universelle pour la prompte solution pratique des plus grands problèmes de ces sciences, nommément, pour la résolution des équations quelconques, immanentes ou transcendantes, pour l'intégration des fonctions quelconques, à une ou à plusieurs variables, pour l'intégration des équations différentielles d'un ordre quelconque, à différentielles totales et même à différentielles partielles. Mais, pour ne pas nous étendre au delà de l'étendue convenable de ce Programme, nous nous contenterons de produire ici cette loi pratique universelle, en nous bornant à indiquer les procédés généraux de son application, et en nous réservant d'en faire connaître, dans l'ouvrage lui-même, la démonstration et l'application détaillée à la solution de tous ces problèmes. — Pour l'intelligence de cette loi, nous devons d'abord faire remarquer que tous les procédés directs pour la solution de ces divers problèmes, tels que ces procédés dérivent des deux premières (32) et (33) de nos trois lois fondamentales des mathématiques, impliquent nécessairement les différentielles ou les différences des quantités inconnues qu'il s'agit de découvrir, parce que ces différentielles ou différences sont notoirement les éléments de la génération des quantités. Mais, lorsque cette génération exige de pareils éléments d'ordres supérieurs, il devient souvent, sinon impossible, du moins impraticable de se servir de ces ordres supérieurs de différentielles ou de différences, à cause de la complication croissante de leurs expressions. Et il se présente alors le problème d'éviter ces ordres supérieurs de différences ou de différentielles, en les remplaçant par plusieurs valeurs particulières des ordres inférieurs de ces éléments de la génération des quantités; valeurs particulières qui, par les procédés d'interpolation, peuvent remplacer leur valeur générale. Et c'est là l'esprit de la loi universelle que nous allons présenter pour ces procédés pratiques de la solution de tous les problèmes susdits.

A la vérité, dans le Tome II de notre *Philosophie de la Technie algorithmique*, nous avons déjà présenté, sous les marques (471)^{vi} et (472)^{vi}, des lois pareilles pour l'intégration pratique des fonctions différentielles. Et dans la note de la page 608 de cet ouvrage, nous avons même produit la détermination numérique de ces lois, pour 15 et pour 17 de telles valeurs particulières des fonctions différentielles, détermination dont nous garantissons ici la complète exactitude numérique; de sorte que les géomètres, en suivant l'exemple qui y est donné, pourront toujours, par ces deux formules numériques, obtenir avec certitude deux limites très-rapprochées, en plus et en moins, pour la valeur numérique de l'intégrale de toute fonction, pourvu que ces 15 et 17 valeurs particulières de la fonction différentielle soient calculées séparément et indépendamment les unes des autres (*). — Mais, quelque utiles que soient sans doute ces lois spéciales que nous venons de citer, elles ne servent que pour la détermination des valeurs numériques des intégrales définies, et nullement pour la détermination de la valeur générale ou algébrique

(*) En suivant les procédés très-précis, indiqués par les deux lois (471)^{vi} et (472)^{vi} que nous venons de citer, les géomètres pourront obtenir facilement des formules numériques, pareilles à celles qui sont données dans la note de la page citée 608, mais qui, pour le présent emploi des valeurs particulières de la fonction différentielle, n'exigeraient qu'un nombre de ces valeurs plus petit que 17 ou 15, en offrant néanmoins, dans plusieurs cas, des approximations suffisantes des intégrales cherchées.

des intégrales, et encore moins pour l'intégration des équations différentielles et pour la solution des équations primitives. Il se présente donc le problème de découvrir une loi universelle qui puisse présider à la détermination de pareils procédés pratiques pour la solution de tous ces problèmes. Et c'est cette loi que nous allons donner ici pour préluder ainsi à notre présent Exposé populaire de la Réforme des Mathématiques. — La voici :

Soit y une fonction quelconque d'une quantité variable x, et soient . . . (41)

$$y^{(0)}, \quad y^{(1)}, \quad y^{(2)}, \quad y^{(3)}, \quad \ldots \quad y^{(m-1)},$$

les m valeurs particulières de cette fonction y, correspondant à des valeurs quelconques de la variable x, et d'abord aux valeurs successives suivantes . . . (42)

$$x = 0, \quad x = \xi, \quad x = 2\xi, \quad x = 3\xi, \quad \ldots \quad x = (m - 1).\xi;$$

la quantité ξ étant une quantité quelconque, et le nombre m de ces valeurs étant arbitraire. — On aura alors, pour l'intégrale de l'ordre r de la fonction donnée y, l'expression générale et très-simple . . . (43)

$$\begin{aligned} \int^r (y.dx^r) = \frac{(-1)^m}{\xi^{m-1}}.\{ & A_0\Omega_0.y^{(0)} + A_1\Omega_1.y^{(1)} + A_2\Omega_2.y^{(2)} + \\ & + A_3\Omega_3.y^{(3)} \quad \ldots \quad + A_{m-1}\Omega_{m-1}.y^{(m-1)}\} + \\ & + [C_0 + C_1.x + C_2.x^2 \quad \ldots \quad C_{r-1}.x^{r-1}]; \end{aligned}$$

en considérant les quantités C_0, C_1, C_2, . . . C_{r-1} comme étant les r constantes arbitraires de cette intégrale de l'ordre r, et en formant pour un indice quelconque μ, les quantités . . . (44)

$$A_\mu = \frac{(-1)^\mu}{1^{\mu|1}.1^{(m-1-\mu)|1}},$$

$$\begin{aligned} \Omega_\mu = \Big[& + S(r-1).\frac{(x-\mu\xi)^{r-1}}{1^{(r-1)|1}}.x^{m|-\xi} \\ & - \frac{r}{1}.S(r).\frac{(x-\mu\xi)^r}{1^{r|1}}.\left(\frac{dx^{m|-\xi}}{dx}\right) \\ & + \frac{r^{2|1}}{1^{2|1}}.S(r+1).\frac{(x-\mu\xi)^{r+1}}{1^{(r+1)|1}}.\left(\frac{d^2x^{m|-\xi}}{dx^2}\right) \\ & - \frac{r^{3|1}}{1^{3|1}}.S(r+2).\frac{(x-\mu\xi)^{r+2}}{1^{(r+2)|1}}.\left(\frac{d^3x^{m|-\xi}}{dx^3}\right) \\ & \ldots\ldots\ldots\ldots\ldots\ldots\ldots\ldots \\ & (-1)^m.\frac{r^{m|1}}{1^{m|1}}.S(r+m-1).\frac{(x-\mu\xi)^{r+m-1}}{1^{(r+m-1)|1}}.\left(\frac{d^mx^{m|-\xi}}{dx^m}\right)\Big] \\ & + [M_0^{(\mu)} + M_1^{(\mu)}.x + M_2^{(\mu)}.x^2 \quad \ldots \quad + M_{r-1}^{(\mu)}.x^{r-1}]; \end{aligned}$$

les sommes S qui entrent dans la dernière de ces formules, étant formées, pour un indice quelconque ρ, de la manière suivante . . . (45)

$$S(\rho) = 1 + \frac{1}{2} + \frac{1}{3} + \frac{1}{4} \quad \ldots \quad + \frac{1}{\rho},$$

en observant que, pour $\rho = 0$, on a $S(\rho) = 0$. — Quant aux nombres encore indéterminés $M_0^{(\mu)}$, $M_1^{(\mu)}$, $M_2^{(\mu)}$ . . . $M_{r-1}^{(\mu)}$, qui entrent également dans la seconde des deux formules (44), ils doivent être déterminés, pour tout indice μ, de manière que, pour la valeur zéro de la variable x, on ait . . . (46)

$$\Omega_\mu = 0, \quad \frac{d\Omega\mu}{dx} = 0, \quad \frac{d^2\Omega\mu}{dx^2} = 0, \quad \frac{d^3\Omega\mu}{dx^3} = 0,$$
$$\frac{d^4\Omega\mu}{dx^4} = 0, \quad . \; . \; . \quad \frac{d^{r-1}\Omega\mu}{dx^{r-1}} = 0.$$

Il est sans doute superflu d'ajouter ici, pour la complète détermination de la loi universelle que nous venons de donner, et qui est manifestement fondée sur l'interpolation des fonctions, que, plus est grand le nombre m des valeurs particulières (41) de la fonction donnée y, plus est grande l'exactitude du résultat, c'est-à-dire, l'intégrale (43) de l'ordre r, que donne cette loi universelle; au point que si ce nombre m était indéfiniment grand, le résultat serait rigoureusement exact, et offrirait ainsi, dans un nombre indéfini de termes, la construction rigoureusement théorique de l'intégrale de l'ordre général r en question. — Mais, pour l'application pratique de la science, application que nous avons ici principalement en vue, cette exactitude rigoureuse serait inutile; et l'on pourra, dans tous les cas, obtenir telle exactitude que l'on voudra, en prenant le nombre m des valeurs particulières (41) de la fonction y, aussi grand qu'on le jugera nécessaire; en ayant en outre l'avantage de pouvoir s'arrêter toujours à tel degré d'approximation que l'on voudra.

Or, dans le cas le plus simple, lorsque $r = 1$, c'est-à-dire, lorsqu'il ne s'agit que de la simple intégration immédiate des fonctions, la loi générale (43) formera la loi particulière très-simple . . . (47)

$$\int (y.dx) = \frac{(-1)^{m-1}}{\xi^{m-1}} . \{ A_0\Omega_0 . y^{(0)} + A_1\Omega_1 . y^{(1)} + A_2\Omega_2 . y^{(2)} +$$
$$+ A_3\Omega_3 . y^{(3)} \quad . \; . \; . \quad + A_{m-1} . \Omega_{m-1} . y^{(m-1)} \} + C_0;$$

en considérant la quantité C_0 comme étant la constante arbitraire de cette intégration, et en formant ici, pour un indice quelconque μ, les quantités . . . (48)

$$A_\mu = \frac{(-1)^\mu}{1^{\mu|1} . 1^{(m-1-\mu)|1}},$$
$$\Omega_\mu = \Big[+ S(1) . \frac{x-\mu\xi}{1} . \left(\frac{dx^{m|-\xi}}{dx}\right)$$
$$- S(2) . \frac{(x-\mu\xi)^2}{1^{2|1}} . \left(\frac{d^2x^{m|-\xi}}{dx^2}\right)$$
$$+ S(3) . \frac{(x-\mu\xi)^3}{1^{3|1}} . \left(\frac{d^3x^{m|-\xi}}{dx^3}\right)$$
$$. \; . \; . \; . \; . \; . \; . \; . \; . \; . \; . \; . \; . \; . \; .$$
$$(-1)^{m-1} . S(m) . \frac{(x-\mu\xi)^m}{1^{m|1}} . \left(\frac{d^mx^{m|-\xi}}{dx^m}\right)\Big] + M_0^{(\mu)};$$

la quantité indéterminée $M_0^{(\mu)}$ devant être déterminée, pour chaque indice μ, de manière à ce que, pour $x = 0$, on ait $\Omega\mu = 0$.

On aura ainsi, pour l'intégration des fonctions, le procédé pratique et général, tout à la fois, et éminemment simple, et aussi exact que l'on voudra, en employant tel nombre m que l'on voudra des valeurs particulières $y^{(0)}$, $y^{(1)}$, $y^{(2)}$, . . . $y^{(m-1)}$ de la fonction différentielle donnée y. Et ces intégrales seront générales, pour toutes valeurs de la variable x, pourvu que les limites de cette variable x ne dépassent pas trop ses valeurs extrêmes $x = 0$ et $x = (m - 1).\xi$, auxquelles correspondent les valeurs particulières extrêmes $y^{(0)}$ et $y^{(m-1)}$.

Quant à la factorielle . . . (49)

$$x^{m|-\xi} = x(x-\xi)(x-2\xi)(x-3\xi) \quad . \; . \; . \; . \quad (x-(m-1)\xi),$$

dont les différentielles entrent dans l'expression de la loi générale (43), et par conséquent dans celle de la présente loi particulière (47), on pourra l'obtenir facilement, soit par la multiplication successive des facteurs dont elle est formée, soit immédiatement, lorsque l'exposant m est grand, par l'application des lois que nous avons indiquées, pour la construction de ces factorielles, dans la Note sur nos Facultés algorithmiques, qui est à la fin de la *Réfutation de la Théorie des fonctions analytiques de Lagrange.*

Dans la Réforme de la Mécanique céleste, telle qu'elle est donnée d'abord dans les *Prolégomènes du Messianisme*, et ensuite dans le Tome I de la *Réforme du Savoir humain*, et telle qu'elle est accomplie à la suite de l'*Épître à S. M. l'Empereur de Russie* (*), dans cette nouvelle Mécanique céleste, où nous obtenons notoirement, pour la détermination des éléments variables des orbites, non pas des équations, mais des expressions immédiates de leurs différentielles, nous nous sommes servi, pour l'accomplissement de la théorie lunaire, en outre des procédés directs qui sont indiqués dans ces ouvrages, mais de plus, pour la vérification des résultats, du procédé pratique qu'offre la présente loi particulière (47). En effet, ces expressions des différentielles que nous y avons obtenues pour les éléments variables des orbites, sont respectivement fonctions du temps et des autres de ces éléments variables; de sorte qu'en considérant la variable x dans la présente loi (47) comme représentant le temps, et donnant aux éléments des orbites d'abord leurs valeurs astronomiques, même leurs valeurs moyennes, on pourra former autant de valeurs particulières $y^{(0)}$, $y^{(1)}$, $y^{(2)}$, etc. que l'on voudra, et la loi pratique (47) donnera immédiatement une première détermination des intégrales qui seront les expressions générales de ces éléments variables des orbites. Et avec cette première détermination, on pourra obtenir successivement, de la même manière, les déterminations ultérieures de ces quantités, avec telle exactitude que l'on voudra.

Cette même loi pratique (47), pourra manifestement servir aussi à l'intégration de fonctions différentielles de plusieurs variables, en observant les conditions connues d'intégrabilité pour ces fonctions.

Mais, pour l'intégration des équations différentielles, il faudra employer la loi générale (43) elle-même. Et voici le procédé général pour cette intégration pratique. — Soit z une fonction quelconque, d'abord d'une seule quantité variable x; si l'on fait . . . . . (50)

$$\left(\frac{d^r z}{dx^r}\right) = y,$$

(*) En y ajoutant le complément donné dans le journal le *Moniteur parisien*, du 29 janvier 1852.

et si l'on introduit cette détermination de la fonction y dans la loi générale (43), cette loi deviendra . . . (51)

$$z = \frac{(-1)^m}{\xi^{m-1}} \cdot \left\{ A_0\Omega_0 \cdot \left(\frac{d^r z}{dx^r}\right)^{(0)} + A_1\Omega_1 \cdot \left(\frac{d^r z}{dx^r}\right)^{(1)} + A_2\Omega_2 \cdot \left(\frac{d^r z}{dx^r}\right)^{(2)} + \right.$$
$$\left. + A_3\Omega_3 \cdot \left(\frac{d^r z}{dx^r}\right)^{(3)} \; . \; . \; . \; . \; . + A_{m-1} \cdot \Omega_{m-1} \cdot \left(\frac{d^r z}{dx^r}\right)^{(m-1)} \right\} +$$
$$+ C_0 + C_1 \cdot x + C_2 \cdot x^2 \; . \; . \; . + C_{r-1} \cdot x^{r-1};$$

les indices supérieurs (0), (1), (2), ... $(m-1)$, désignant toujours les valeurs particulières (41) qu'il faut ici prendre de la différentielle (50) de l'ordre r, correspondantes aux valeurs particulières (42) de la variable x. Or, lorsqu'une équation différentielle de l'ordre r est donnée, équation que nous représenterons par la fonction . . . (52)

$$0 = \Phi\left(x,\ z,\ \frac{dz}{dx},\ \frac{d^2z}{dx^2},\ \frac{d^3z}{dx^3},\ \ldots\ \frac{d^r z}{dx^r}\right),$$

on pourra toujours en déduire l'expression de la plus haute différentielle $\frac{d^r z}{dx^r}$, savoir... (53)

$$\left(\frac{d^r z}{dx^r}\right) = \Psi\left(x,\ z,\ \frac{dz}{dx},\ \frac{d^2z}{dx^2},\ \ldots\ \frac{d^{r-1}z}{dx^{r-1}}\right),$$

en désignant par Ψ la fonction que formera ainsi cette expression de la plus haute différentielle $\frac{d^r z}{dx^r}$. Et donnant alors successivement à la variable x ses valeurs particulières (42), on obtiendra, pour la présente différentielle (53), les déterminations de ses valeurs particulières correspondantes, dont l'expression générale, pour l'indice ν, sera . . . (54)

$$\left(\frac{d^r z}{dx^r}\right)^{(\nu)} = \Psi\left[\nu\xi,\ z^{(\nu)},\ \left(\frac{dz}{dx}\right)^{(\nu)},\ \left(\frac{d^2z}{dx^2}\right)^{(\nu)},\ \ldots\ \left(\frac{d^{r-1}z}{dx^{r-1}}\right)^{(\nu)}\right],$$

expression dans laquelle les quantités . . . (55)

$$z^{(\nu)},\ \left(\frac{dz}{dx}\right)^{(\nu)},\ \left(\frac{d^2z}{dx^2}\right)^{(\nu)},\ \ldots\ \left(\frac{d^{r-1}z}{dx^{r-1}}\right)^{(\nu)},$$

demeurent encore indéterminées. Mais, en donnant également à la loi générale (51) ses m valeurs particulières, correspondant aux m valeurs particulières (42) de la variable x, on obtiendra m équations linéaires distinctes, dont la forme, pour un indice ϖ, sera . . . . . . (56)

$$z^{(\varpi)} = \frac{(-1)^m}{\xi^{m-1}} \cdot \left\{ A_0 \cdot \Omega_0^{(\varpi)} \left(\frac{d^r z}{dx^r}\right)^{(0)} + A_1 \cdot \Omega_1^{(\varpi)} \cdot \left(\frac{d^r z}{dx^r}\right)^{(1)} \right.$$
$$\left. + A_2 \cdot \Omega_2^{(\varpi)} \cdot \left(\frac{d^r z}{dx^r}\right)^{(2)} \; . \; . \; . \; . + A_{m-1} \cdot \Omega^{(\varpi)}_{m-1} \cdot \left(\frac{d^r z}{dx^r}\right)^{(m-1)} \right\}$$
$$+ C_0 + C_1 \cdot \varpi\xi + C_2 \cdot (\varpi\xi)^2 \; . \; . \; . + C_{r-1} \cdot (\varpi\xi)^{r-1};$$

l'indice ϖ ayant successivement les valeurs 0, 1, 2, 3, ... $(m-1)$. Et de ces m équations linéaires (56), on pourra déduire facilement, avec les valeurs indéterminées $z^{(\varpi)}$, les m quantités inconnues . . . (57)

$$\left(\frac{d^r z}{dx^r}\right)^{(0)},\ \left(\frac{d^r z}{dx^r}\right)^{(1)},\ \left(\frac{d^r z}{dx^r}\right)^{(2)},\ \ldots\ \left(\frac{d^r z}{dx^r}\right)^{(m-1)}.$$

On aura donc déjà, en vertu de l'expression générale (54) de ces quantités (57), m équations distinctes pour la détermination de m quantités indéterminées, sur les mr quantités indéterminées qui entrent dans cette expression générale (54).

Prenant ensuite, sur la loi générale (51), ses différentielles successives, jusqu'à l'ordre $(r-1)$, ces différentielles offriront des relations générales nouvelles, dont la forme, pour l'indice ρ de ces différentielles, sera . . . (58)

$$\left(\frac{d^\rho z}{dx^\rho}\right) = \frac{(-1)^m}{\xi^{m-1}} \cdot \left\{ A_0 \cdot \left(\frac{d^\rho \Omega_0}{dx^\rho}\right) \cdot \left(\frac{d^r z}{dx^r}\right)^{(0)} + A_1 \cdot \left(\frac{d^\rho \Omega_1}{dx^\rho}\right) \cdot \left(\frac{d^r z}{dx^r}\right)^{(1)} \right.$$
$$\left. + A_2 \cdot \left(\frac{d^\rho \Omega_2}{dx^\rho}\right) \cdot \left(\frac{d^r z}{dx^r}\right)^{(2)} \ldots + A_{m-1} \cdot \left(\frac{d^\rho \Omega_{m-1}}{dx^\rho}\right) \cdot \left(\frac{d^r z}{dx^r}\right)^{(m-1)} \right\}$$
$$+ \frac{d^\rho (C_0 + C_1 \cdot x + C_2 \cdot x^2 \ldots + C_{r-1} \cdot x^{r-1})}{dx^\rho};$$

l'indice ρ ayant les $(r-1)$ valeurs successives $1, 2, 3, \ldots (r-1)$. Et opérant maintenant sur chacune de ces $(r-1)$ relations différentielles (58), comme nous venons d'opérer sur la relation primitive (51), en leur attribuant les m valeurs particulières, correspondant aux valeurs particulières (42) de la variable x, chacune de ces $(r-1)$ relations différentielles (58) présentera de nouveau m équations linéaires, propres à une nouvelle détermination des m inconnues (57), et par conséquent propres à établir m nouvelles équations pour la détermination de m nouvelles quantités indéterminées, sur les mr quantités indéterminées qui entrent dans ces quantités (57) inconnues et faciles à déterminer par les successives m équations linéaires distinctes, que donnent conjointement la relation primitive (51) et les $(r-1)$ relations différentielles (58). On aura donc mr équations distinctes pour la détermination des mr quantités indéterminées qui entrent dans les m quantités (57) formant les facteurs indéterminés dans l'expression générale (51) de la quantité cherchée z. Ainsi, par cette détermination des facteurs en question (57), cette expression générale (51) donnera l'intégration pratique de l'équation différentielle (52) d'un ordre quelconque r, avec telle exactitude que l'on voudra; en prenant le nombre m des facteurs indéterminés (57) de plus en plus grand, et en se servant provisoirement de la première détermination de la quantité cherchée z, obtenue par l'expression générale (53) avec un nombre m moins grand de ces facteurs indéterminés (57), par analogie à ce que nous avons dit plus haut pour la Mécanique céleste, et surtout par anticipation sur ce que nous allons dire ci-après.

Quant aux équations aux différentielles partielles, si l'on considère la susdite quantité z comme une fonction de deux ou de plusieurs variables indépendantes, ces équations, par exemple, pour deux variables indépendantes x et y, seront représentées par la fonction . . . (59)

$$0 = \Phi\left(x, y, z; \frac{dz}{dx}, \ldots \frac{d^r z}{dx^r}; \frac{dz}{dy}, \ldots \frac{d^s z}{dy^s}; \frac{d^{p+q} z}{dx^p \cdot dy^q}\right).$$

Ainsi, en se réglant d'ailleurs sur les conditions connues d'intégrabilité, il suffira, pour intégrer ces équations (59) à différentielles partielles, de considérer d'abord l'une des deux variables indépendantes x et y, par exemple, la variable y, comme constante, et d'intégrer l'équation par rapport à la seule variable x, par les procédés que nous venons d'indiquer. Et substituant alors les résultats obtenus pour la quantité z, considérée comme fonction de x, il suffira ensuite de considérer, à son tour, cette variable x comme une quantité constante, et d'intégrer l'équation résultante (59) par rapport à la variable y, par les susdits procédés. Or, lorsque dans l'équation proposée (59), il n'existe pas des différentielles combinées . . . (60)

$$\left(\frac{d^2z}{dx.dy}\right), \quad \left(\frac{d^3z}{dx^2.dy}\right), \quad \left(\frac{d^3z}{dx.dy^2}\right), \quad \ldots \quad \left(\frac{d^{p+q}z}{dx^p.dy^q}\right),$$

la double intégration partielle que nous venons d'indiquer, conduira toujours, par nos procédés présents, à l'équation primitive. Mais, lorsque l'équation proposée (59) contient ces différentielles combinées (60), des considérations toutes spéciales se présentent ici, pour parvenir à la détermination des valeurs particulières de ces différentielles combinées (60), qui entreront, tour à tour, dans les expressions générales des différentielles partielles $\left(\frac{d^rz}{dx^r}\right)$ et $\left(\frac{d^sz}{dy^s}\right)$ du plus haut ordre, qui servent successivement à la double intégration partielle que nous venons d'indiquer. Il faudra en effet, dans la première de ces intégrations partielles, par rapport à la variable x, former, en outre des différentielles (58), prises par rapport à la seule variable x, des différentielles combinées sous la forme générale . . . (61)

$$\frac{d^{\varrho+\sigma}z}{dx^\varrho.dy^\sigma} = \frac{(-1)^m}{\xi^{m-1}}.\left\{A_0.\left(\frac{d^\varrho\Omega_0}{dx^\varrho}\right).\frac{d^\sigma\left(\frac{d^rz}{dx^r}\right)^{(0)}}{dy^\sigma} + A_1.\left(\frac{d^\varrho\Omega_1}{dx^\varrho}\right).\frac{d^\sigma\left(\frac{d^rz}{dx^r}\right)^{(1)}}{dy^\sigma} + \right.$$
$$\left. + A_2.\left(\frac{d^\varrho\Omega_2}{dx^\varrho}\right).\frac{d^\sigma\left(\frac{d^rz}{dx^r}\right)^{(2)}}{dy^\sigma} \ldots + A_{m-1}.\left(\frac{d^\varrho\Omega_{m-1}}{dx^\varrho}\right).\frac{d^\sigma\left(\frac{d^rz}{dx^r}\right)^{(m-n)}}{dy^\sigma}\right\} +$$
$$+ \frac{d^\varrho[C_0 + C_1.x + C_2.x^2 \ldots + C_{r-1}x^{r-1}]}{dx^\varrho};$$

où l'on trouvera dans les facteurs . . . (62)

$$\frac{d^\sigma\left(\frac{d^rz}{dx^r}\right)^{(0)}}{dy^\sigma}, \quad \frac{d^\sigma\left(\frac{d^rz}{dx^r}\right)^{(1)}}{dy^\sigma}, \quad \frac{d^\sigma\left(\frac{d^rz}{dx^r}\right)^{(2)}}{dy^\sigma}, \quad \ldots \quad \frac{d^\sigma\left(\frac{d^rz}{dx^r}\right)^{(m-1)}}{dy^\sigma},$$

à la place des premières différentielles combinées $\left(\frac{d^{m+n}z}{dx^m.dy^n}\right)$ qui étaient contenues dans l'équation proposée (59), des différentielles combinées $\left(\frac{d^{m+n+\sigma}z}{dx^m.dy^{n+\sigma}}\right)$ d'un ordre supérieur σ par rapport à la variable y. Et substituant alors ces valeurs (61) dans l'équation proposée (59), cette équation contiendra, à la place des premières différentielles combinées $\left(\frac{d^{m+n}z}{dx^m.dy^n}\right)$, les différentielles supérieures $\left(\frac{d^{m+n+\sigma}z}{dx^m.dy^{n+\sigma}}\right)$, lesquelles, dans la seconde intégration partielle de l'équation (59) par rapport à la variable y, en donnant alors à cette variable y des valeurs particulières dans les différentielles inconnues, deviendront des quantités constantes, et pourront alors être déterminées par les procédés que nous avons indiqués pour cette détermination dans la précédente intégration des équations à différentielles totales.

Enfin, pour la résolution immédiate des équations primitives, immanentes ou transcendantes, la présente loi pratique et universelle (43) pourra servir également, du moins par son principe général d'interpolation sur lequel elle est fondée. Mais, pour généraliser cette loi pratique et universelle (43), qui, jusqu'à présent, n'est établie que sur les valeurs particulières (41) de la fonction y, correspondant aux valeurs successives et uniformes (42) de la variable x, il faut faire dépendre généralement ces valeurs particulières (41), savoir, les valeurs . . . (63)

$$y^{(0)},\ y^{(1)},\ y^{(2)},\ y^{(3)},\ \ldots\ y^{(m-1)},$$

de valeurs quelconques de la variable x, savoir, des valeurs . . . (64)

$$x^{(0)} = \psi(0).\xi,\ x^{(1)} = \psi(1).\xi,\ x^{(2)} = \psi(2).\xi\ \ldots\ x^{(m-1)} = \psi(m-1).\xi;$$

en désignant par $\psi(i)$ une fonction quelconque de l'indice i. — Et pour cela, il suffira d'introduire, dans les coefficients (44), et d'abord dans la seconde de ces expressions, pour les quantités Ω_μ, à la place de la quantité $(x - \mu\xi)$, la quantité $(x - \psi(\mu).\xi)$, et à la place de la factorielle $x^{m|-\xi}$ à simples accroissements constants, indiquée par la formule (49), la factorielle à accroissements variables, savoir . . . (65)

$$x^{m|-\psi(i).\xi} =$$
$$= (x - \psi(0).\xi)\ (x - \psi(1).\xi)\ (x - \psi(2).\xi)\ \ldots\ (x - \psi(m-1).\xi),$$

telles que nous avons fait connaître ces factorielles générales dans la susdite Note sur nos Facultés algorithmiques, aux pages 123 et suivantes de la *Réfutation de la théorie des fonctions analytiques de Lagrange*. Et il faut ensuite introduire, dans la première des mêmes expressions (44), pour les coefficients A_μ, à la place de la quantité . . . . . (66)

$$A_\mu = \frac{(-1)^\mu}{1^{\mu|1}.1^{(m-1-\mu)|1}},$$

la quantité . . . (67)

$$A_\mu = \frac{(-1)^{m-1}}{\psi(\mu)^{\mu|-\psi(i).1}.\psi(\mu)^{(m-1-\mu)|-\psi(\mu+1+i).1}},$$

qui devient identique avec la précédente, lorsque la fonction $\psi(j)$ est simplement la quantité j, c'est-à-dire, lorsque les factorielles à accroissements variables deviennent de simples factorielles à accroissements constants. Ainsi, en substituant, dans la loi pratique et universelle (43), et spécialement dans les expressions (44) de ses coefficients, les quantités (65), (67), et la susdite quantité $(x - \psi(\mu).\xi)$, cette loi deviendra absolument générale, pour des valeurs particulières quelconques (63) correspondant aux valeurs arbitraires quelconques (64) de la variable x, pourvu que, voulant conserver les signes de toutes ces formules, on prenne toujours les quantités arbitraires . . . (68)

$$\psi(0),\ \psi(1),\ \psi(2),\ \psi(3),\ \ldots\ \psi(m-1),$$

dans un ordre croissant de leur grandeur.

Or, en opérant cette même généralisation absolue dans la loi pratique particulière (47), qui donne l'intégration immédiate de toute fonction y par ses valeurs particulières quelconques (63), et en prenant alors la différentielle de cette loi (47), on obtiendra, pour la détermination générale de cette fonction y, au moyen de ses valeurs particulières (63), l'expression . . . (69)

$$y = \frac{(-1)^m}{\xi^{m-1}}.\left\{A_0.\frac{y^{(0)}}{x - \psi(0).\xi} + A_1.\frac{y^{(1)}}{x - \psi(1).\xi} + \right.$$
$$\left. + A_2.\frac{y^{(2)}}{x - \psi(2).\xi}\ \ldots\ + A_{m-1}.\frac{y^{(m-1)}}{x - \psi(m-1).\xi}\right\}.x^{m|-\psi(i).\xi},$$

qui est notoirement la formule générale d'interpolation. — C'est donc là le principe sur lequel reposent les présentes lois pratiques, générale (43) et particulière (47). Il suffit, en effet, d'intégrer la présente formule (69) jusqu'à l'ordre général r, pour obtenir les lois pratiques (47) et (43) que nous venons de produire; intégration que les géomètres pourront faire eux-mêmes, ce qui nous dispense de donner ici la démonstration de ces lois (43) et (47). Et c'est ainsi que, pour ne pas augmenter inutilement le volume de nos ouvrages, nous produisons, sans démonstration, quelques formules majeures, en comptant sur ce que les géomètres pourront facilement en donner la démonstration.

Or, c'est cette formule (69), formant le principe de nos présentes lois pratiques (43) et (47), qui nous servira, à son tour, pour la résolution immédiate des équations primitives, immanentes et transcendantes. Il suffira, en effet, pour la résolution d'une équation quelconque, dont l'inconnue cherchée serait y, d'introduire convenablement, comme facteur, dans cette équation, une quantité arbitraire x, propre à être déterminée par l'inconnue y; car, en donnant alors à cette quantité y des valeurs particulières $y^{(0)}$; $y^{(1)}$, $y^{(2)}$, . . . $y^{(m-1)}$, on trouvera, pour la quantité x, les valeurs correspondantes $\psi(0).\xi$, $\psi(1).\xi$, $\psi(2).\xi$, . . . $\psi(m-1).\xi$. Et introduisant alors, dans la présente formule (69), ces doubles valeurs de y et de x, cette formule donnera, pour $x = 1$, la quantité cherchée y, et opérera ainsi la solution de l'équation proposée.

Par exemple, si l'on avait à résoudre l'équation immanente du degré r . . . (70)

$$0 = y^r + R_1 . y^{r-1} + R_2 . y^{r-2} \quad . \quad . \quad . \quad + R_r . y^0;$$

on pourrait y introduire, comme facteur, une quantité arbitraire x, de la manière suivante . . . (71)

$$0 = y^r + R_r + x . (R_1 . y^{r-1} + R_2 . y^{r-2} \quad . \quad . \quad . \quad + R_{r-1} . y);$$

d'où l'on tirerait, pour x, la détermination . . . (72)

$$x = \frac{-(y^r + R_r)}{R_1 . y^{r-1} + R_2 . y^{r-2} \ldots + R_{r-1} . y}.$$

Prenant alors pour y, les valeurs particulières . . . (73)

$$y^{(0)} = \sqrt[r]{-R_r}, \quad y^{(1)} = \sqrt[r]{-2R_r}, \quad . \quad . \quad . \quad y^{(m-1)} = \sqrt[r]{-(m-1) . R_r},$$

on obtiendra, par l'expression (72), les valeurs correspondantes de x, savoir . . . (74)

$$x^{(0)} = \psi(0) . \xi, \quad x^{(1)} = \psi(1) . \xi, \quad . \quad . \quad . \quad x^{(m-1)} = \psi(m-1) . \xi.$$

Ainsi, en introduisant ces doubles valeurs (73) et (74) dans la formule en question (69), cette formule donnera, pour $x = 1$, les r racines de l'équation proposée (70). Il faut ici remarquer que, de cette manière, les valeurs (73), prises pour y, donneront, pour le numérateur de l'expression (72), les valeurs rationnelles . . . (75)

$$0, \quad -R_r, \quad -2R_r, \quad -3R_r, \text{ etc.}$$

Pour terminer ces applications générales de nos présentes lois pratiques, nous devons indiquer le moyen très-simple que nous avons annoncé plus haut, pour faciliter l'intégration des équations différentielles. — Dans le moyen pratique que nous avons indiqué pour cette intégration des équations aux différentielles, totales et partielles, nous avons procédé d'une manière générale, sans postuler aucune supposition antérieure. Mais, ce procédé général serait souvent, sinon impossible, du moins difficilement praticable, lorsque surtout l'ordre des différentielles serait grand. Il nous reste donc à indiquer un procédé praticable dans tous les cas, et aussi facile que le procédé que nous avons indiqué plus haut pour la simple intégration des fonctions différentielles par l'application de la loi pratique (47).

Pour cela, il suffit de remarquer que, dans l'intégration d'une équation différentielle de l'ordre r, il entre généralement r quantités constantes arbitraires. Il s'ensuit que, dans l'équation primitive, qui résulte de cette intégration, et dans les équations différentielles que l'on tirerait successivement de cette équation primitive, en y éliminant successivement les r quantités constantes arbitraires, la quantité cherchée z et ses différentielles jusqu'à l'ordre $(r-1)$, savoir, les quantités . . . (76)

$$z, \quad \frac{dz}{dx}, \quad \frac{d^2z}{dx^2}, \quad \frac{d^3z}{dx^3}, \quad \ldots \quad \frac{d^{r-1}z}{dx^{r-1}},$$

demeurent en quelque sorte indéterminées, par l'influence successive des susdites r quantités constantes et arbitraires. On pourra donc, dans notre présente application de la loi pratique (43), à l'intégration des équations différentielles, pour avoir une première détermination générale de la quantité cherchée z, on pourra, pour cette première détermination, considérer les présentes quantités indéterminées (76) comme étant r constantes arbitraires, et la loi universelle (43), spécialement la loi spéciale (51), en y supprimant les r constantes arbitraires C_0, C_1, C_2, . . . C_{r-1}, donnera immédiatement cette première détermination de la quantité cherchée z. Employant alors cette première détermination (51) et ses $(r-1)$ différentielles successives, déterminées par la formule (58), en y supprimant toujours les r constantes arbitraires C_0, C_1, C_2, . . . C_{r-1}, on obtiendra une première détermination générale des présentes quantités indéterminées (76), qui impliqueront toujours les r constantes arbitraires par lesquelles on a d'abord fixé ces quantités (76). Et introduisant alors, cette première détermination générale des présentes quantités (76) dans la loi spéciale (51), on obtiendra, par cette loi, une deuxième détermination générale de la quantité z. Et procédant de la même manière, on obtiendra successivement une troisième, une quatrième, etc., détermination progressive de la quantité cherchée z, avec telle exactitude que l'on voudra.

Par exemple, si l'on avait l'équation différentielle du troisième ordre que nous avons traitée à la marque (746) dans le Tome I de la *Réforme du Savoir humain*, et dont nous donnerons, dans l'ouvrage que nous annonçons ici, la solution théorique par le moyen de notre Problème-universel (33), formant la deuxième loi fondamentale des mathématiques, si l'on avait, disons-nous, l'équation différentielle . . . (77)

$$0 = \frac{d^3z}{dx^3} - 3 \cdot \frac{z^3}{x} \cdot \frac{dz}{dx} + x^2 \cdot z^5 \cdot \frac{dz}{dx} \cdot \frac{d^2z}{dx^2};$$

on en tirerait immédiatement, d'après la règle (53), l'expression de la plus haute différentielle, savoir . . . (78)

$$\left(\frac{d^3z}{dx^3}\right) = 3 \cdot \frac{z^3}{x} \cdot \frac{dz}{dx} - x^2 \cdot z^5 \cdot \frac{dz}{dx} \cdot \frac{d^2z}{dx^2}.$$

Et pour la première détermination de cette quantité, d'après la présente règle (76), on ferait . . . (79)

$$z = \mathrm{A}, \quad \frac{dz}{dx} = \mathrm{B}, \quad \frac{d^2z}{dx^2} = \mathrm{C};$$

les quantités A, B, C, étant trois constantes arbitraires; de sorte que cette première détermination de la plus haute différentielle (78), serait . . . (80)

$$\left(\frac{d^3z}{dx^3}\right) = 3.\frac{\mathrm{A}^2}{x}.\mathrm{B} - x^2.\mathrm{A}^6.\mathrm{BC}\ (^*).$$

Et donnant alors à la variable x, d'après la règle (64), les m valeurs particulières . . . (81)

$$x^{(0)} = (a+0).\xi, \quad x^{(1)} = (a+1).\xi, \quad x^{(2)} = (a+2).\xi, \quad \ldots$$
$$\ldots \quad x^{(m-1)} = (a+m-1).\xi,$$

avec une quantité arbitraire a, on obtiendra, pour la plus haute différentielle (80), les m valeurs particulières correspondantes . . . (82)

$$\left(\frac{d^3z}{dx^3}\right)^{(0)}, \quad \left(\frac{d^3z}{dx^3}\right)^{(1)}, \quad \left(\frac{d^3z}{dx^3}\right)^{(2)}, \quad \ldots \quad \left(\frac{d^3z}{dx^3}\right)^{(m-1)},$$

lesquelles, étant introduites dans la loi spéciale (51), donneront, par cette loi, une première détermination générale de la quantité cherchée z, pourvu que, d'après ce que nous avons dit plus haut, on substitue maintenant, dans cette loi (51), à la place de la factorielle $x^{m|-\xi}$, la factorielle $x^{m|-(a+i).\xi}$. Et avec cette première détermination générale de la quantité z, on obtiendra, par la formule (58), les premières déterminations générales des deux différentielles $\frac{dz}{dx}$, $\frac{d^2z}{dx^2}$. On aura donc, par ces premières déterminations générales des trois quantités z, $\frac{dz}{dx}$, $\frac{d^2z}{dx^2}$, une deuxième détermination de la plus haute différentielle (78). Et avec cette deuxième détermination, en procédant de la même manière, on obtiendra, par la loi spéciale (51), une troisième détermination générale de la quantité cherchée z. Et ainsi de suite, on parviendra immédiatement à tel degré d'exactitude que l'on voudra, sans avoir besoin de résoudre les susdites équations linéaires, qui entraient dans le procédé général de cette intégration des équations différentielles, procédé que, pour accomplir cette question, nous avons d'abord exposé plus haut.

Il est sans doute superflu d'ajouter ici que, si l'on pouvait obtenir immédiatement l'intégration théorique du troisième ordre de l'expression présente (80), et généralement de l'expression analogue dont celle-ci constitue un exemple, sans avoir besoin de recourir à l'inté-

(*) Pour éviter la confusion des constantes arbitraires A, B, C, etc., confusion qui, des trois présentes, les réduit à deux, il faudrait préalablement transformer l'équation proposée (77) en une autre, dans laquelle les quantités présentes z, $\frac{dz}{dx}$, $\frac{d^2z}{dx^2}$, et généralement les quantités (76), seraient distinctes, au moins en partie pour chacune de ces quantités; ce qui est toujours facile à faire, par exemple, dans le cas présent, en introduisant une nouvelle inconnue y, par la relation $z = py + qx$, ou simplement par la relation $z = pxy$, les coefficients p et q étant arbitraires.

gration pratique (51), on aurait ainsi une première détermination théorique générale de la quantité cherchée z. Et si, en substituant, dans l'expression (78) que donne l'équation proposée (77), cette première détermination de z et de ses différentielles $\frac{dz}{dx}$ et $\frac{d^2z}{dx^2}$, déduites de cette première détermination, on pouvait de nouveau obtenir immédiatement l'intégration du troisième ordre de cette expression (78), on aurait ainsi une deuxième détermination générale de la quantité cherchée z. Et procédant de la même manière, par des intégrations toujours théoriques de l'expression (78), si cela était possible, on obtiendrait la détermination générale de la quantité cherchée z, et par conséquent l'intégration de l'équation proposée (77), avec tel degré d'exactitude que l'on voudrait, en opérant ces intégrations théoriques progressives de l'expression (78) autant que l'on voudra.

Nous devons ajouter ici qu'il n'est même pas absolument nécessaire de transformer l'équation proposée en une autre, comme nous l'avons indiqué dans la note relative à l'expression (80), pour éviter la confusion des constantes arbitraires A, B, C; car, lorsque cette confusion a lieu, et lorsque les r constantes arbitraires se trouvent réduites, par cette confusion, a un nombre moindre $(r-\rho)$ de constantes arbitraires distinctes, il suffira de ne supprimer, dans la loi (51), que les $(r-\rho)$ premières constantes C_0, C_1, C_2, . . . $C_{r-\rho-1}$, et de garder les constantes ultérieures $C_{r-\rho}$, $C_{r-\rho+1}$, . . . C_{r-1} pour compléter celles qui, dans l'expression (80), ou généralement dans l'expression dont cette dernière est un exemple, disparaissent par la confusion en question. — Ainsi, par exemple, si l'on formait les deux constantes arbitraires P et Q, auxquelles se réduisent, par leur confusion, les trois constantes arbitraires A, B, C, dans l'expression (80), savoir . . . (83)

$$P = A^2.B, \quad \text{et} \quad Q = A^6.BC;$$

cette expression (80) deviendrait . . . (84)

$$\left(\frac{d^3z}{dx^3}\right) = \frac{3P}{x} - Q.x^2.$$

Et prenant, de cette expression, son intégrale du troisième ordre, en y introduisant une troisième constante arbitraire R, d'après le procédé que nous venons d'indiquer, on obtiendrait, par une intégration théorique immédiate de cette expression (84), pour une première détermination générale de la quantité cherchée z, l'expression . . . (85)

$$z = \frac{3P}{2}.x^2.Lx + (R - \frac{9}{4}P).x^2 - \frac{Q}{60}.x^5.$$

Et introduisant cette expression et ses deux premières différentielles, savoir . . . (86)

$$\frac{dz}{dx} = 3P.xLx + (2R - 3P).x - \frac{Q}{12}.x^4,$$
$$\frac{d^2z}{dx^2} = 3P.Lx + 2R - \frac{Q}{3}.x^3,$$

dans l'expression générale (78), on obtiendra une deuxième détermination de la troisième différentielle de la quantité cherchée z. Prenant alors son intégrale du troisième ordre, soit immédiatement par un procédé théorique, lorsque cela est possible, comme cela l'est dans le cas présent, ou bien par notre actuel procédé pratique (51), on obtiendra une deuxième détermination générale de la quantité cherchée z. Et procédant toujours de la même manière, on parviendra, avec tel degré d'exactitude que l'on voudra, à la détermination de cette quantité cherchée z, c'est-à-dire, à l'intégration de l'équation différentielle proposée (77) du troisième ordre.

On conçoit que le procédé très-facile que nous venons d'exposer ici pour l'intégration pratique des équations différentielles, s'applique également à l'intégration des équations aux différentielles partielles, nommément, à la susdite intégration partielle de ces équations par rapport à chacune séparément de leurs variables indépendantes x, y, etc.; pourvu qu'on y tienne compte également, pour les différentielles combinées (60), des raisons que nous avons alléguées pour les différentielles simples (76), c'est-à-dire, pourvu que, dans leurs premières déterminations, on considère également les différentielles combinées (60) comme étant d'abord des constantes arbitraires. Mais, il ne faudra ici éliminer ou déterminer ces constantes arbitraires que lorsque, dans l'intégration séparée de l'équation différentielle par les successives variables indépendantes x, y, etc., on parviendra à l'intégration qui embrassera déjà toutes celles de ces variables indépendantes, dont les différentielles combinées (60) sont fonctions. — D'ailleurs, par l'identité des résultats que l'on doit obtenir en suivant les différents modes de ces intégrations séparées par rapport aux variables indépendantes x, y, etc., on pourra former des équations de conditions pour l'élimination ou pour la détermination des constantes supplémentaires que l'on aura introduites ainsi.

Tel est donc le prélude que nous faisons ici pour l'*Accomplissement populaire de la Réforme des Mathématiques* que nous nous proposons de publier, de la manière dont nous l'avons annoncé plus haut. — Ces lois pratiques et leur application présente à la solution pratique de tous les grands problèmes de ces sciences, étaient une lacune qui existait dans les mathématiques. En effet, excepté les deux susdites lois que nous avons données, aux marques $(471)^{\text{VI}}$ et $(472)^{\text{VI}}$ dans le Tome II de la *Philosophie de la Technie algorithmique*, pour la simple détermination numérique des intégrales définies, rien de bien fixé par des lois pour la solution pratique des problèmes, par la simple détermination des valeurs particulières des données de ces problèmes, n'existait encore dans la science. Et c'est pour combler cette lacune que nous venons de donner ici, par anticipation, ces lois pratiques universelles et leur application générale à la solution de tous les problèmes, avant de procéder à l'Exposé populaire de la Réforme des Mathématiques, où nous produirons la solution théorique de tous ces grands problèmes de la science.

FIN DU PROGRAMME DE L'EXPOSÉ POPULAIRE DE LA RÉFORME DES MATHÉMATIQUES.

SUPPLÉMENT

SUR LA HAUTEUR DES MARÉES.

Ayant produit, dans le premier Programme precédent, sous les marques (1) à (23), les vraies lois pour la détermination de l'heure de la pleine mer dans les mers libres, ainsi que la science envisage actuellement le phénomène des marées, nous allons, pour compléter cet état actuel de la science, produire également les vraies lois pour la détermination de la hauteur des marées dans les mers libres. Nous aurons ainsi un accomplissement parfait de cet état actuel de la science, pour les circonstances principales du phénomène des marées, qui peuvent servir provisoirement pour la sûreté de la navigation, et qui peuvent ainsi offrir, par anticipation, une garantie de la vérité de notre nouvelle science nautique pour la détermination des marées sur les côtes maritimes.

Formons d'abord, pour l'heure ε de la haute mer ou de la basse mer, dans le lieu maritime où l'on veut connaître la hauteur de la marée à cette heure ε, les deux quantités auxiliaires et générales θ et ϑ par les expressions . . . (87)

$$\theta = \tfrac{1}{2}.[S].\sin 2\Delta.\cos\varepsilon + \tfrac{1}{2}.[L].\sin 2\delta.\cos(\varepsilon - \alpha),$$

$$\vartheta = \frac{1}{1+\beta}.\{3(1+\beta).\cos^2\Delta.\cos^2\varepsilon - 3.\sin^2\Delta - \beta\}.[S]$$
$$+ \frac{1}{1+\beta}.\{3(1+\beta).\cos^2\delta.\cos^2(\varepsilon - \alpha) - 3.\sin^2\delta - \beta\}.[L].$$

Et nous aurons, à cette heure ε de la haute mer ou de la basse mer, dans le lieu maritime dont la latitude est λ, pour la hauteur de la marée, que nous désignerons par h, l'expression générale . . . (88)

$$h = \frac{br.\cos\lambda.\{(1+\beta).\cos\lambda.\vartheta + 6.\sin\lambda.\theta\}}{2.(g)'.\{1+\beta.\cos^3\lambda\}}$$
$$- \frac{(3+\beta).br.\{(1-3.\sin^2\Delta).[S] + (1-3.\sin^2\delta).[L]\}}{4.(g)''.\sqrt{(1+\beta)}};$$

les quantités $(g)'$ et $(g)''$ étant les pesanteurs respectives sous l'équateur et sous les pôles. Et l'origine de la mesure de cette hauteur se trouve au niveau naturel des eaux, au niveau que prendraient les mers si l'action de la lune et du soleil cessait d'exister. On voit ainsi que lorsque le premier terme de l'expression (88) devient plus petit que le second, le jeu des marées dans ce lieu s'exerce au-dessous du niveau naturel des eaux, comme nous l'avons dit plus haut. Et pour le concevoir, il suffit de remarquer qu'aux pôles, où la latitude $\lambda = 90$ degrés, la hauteur de la marée devient négative, et forme ainsi une véritable dépression polaire des eaux, dépression que nous désignerons par i, et qui, donnée par l'expression générale (88), sera . . . (89)

$$i = -\frac{(3+\beta).b^2.\{(1-3.\sin^2\Delta).[S]+(1-3.\sin^2\delta).[L]\}}{4.(g)''.(1+\beta)}.$$

Or, pour les époques des syzygies, où la haute mer et la basse mer sont les plus grandes, et où l'on a les valeurs . . . (90)

$$\text{Pour les nouvelles lunes,}\quad \alpha = 0,\quad \text{et}\quad \varepsilon = 0;$$
$$\text{Pour les pleines lunes,}\quad \alpha = \frac{\pi}{2},\quad \text{et}\quad \varepsilon = \frac{\pi}{2};$$

la loi (88) donne, pour la hauteur de la marée, l'expression . . . (91)

$$h = \frac{br.\cos\lambda.\left\{\begin{matrix}[S].\left[3.\cos(\lambda\mp 2\Delta)+\beta.\cos\lambda.(3.\cos^2\Delta-1)\right]\\ [L].\left[3.\cos(\lambda-2\delta)+\beta.\cos\lambda.(3.\cos^2\delta-1)\right]\end{matrix}\right\}}{2.(g)'.\{1+\beta.\cos^2\lambda\}}$$
$$-\frac{ir}{b}.\sqrt{(1+\beta)};$$

le signe supérieur — dans $\cos(\lambda \mp 2\Delta)$ répondant aux nouvelles lunes et le signe inférieur + aux pleines lunes. — Quant aux hautes mers qui suivent ou précèdent immédiatement celles qui sont fixées par cette expression (91), on aurait, pour la détermination de l'heure ε où elles arrivent, les valeurs . . . (92)

$$\text{Pour les nouvelles lunes,}\quad \alpha = 0,\quad \text{et}\quad \varepsilon = \frac{\pi}{2};$$
$$\text{Pour les pleines lunes,}\quad \alpha = \frac{\pi}{2},\quad \text{et}\quad \varepsilon = 0.$$

Et alors, la loi (88) donnerait, pour la hauteur de la marée, une expression pareille à (91), mais dans laquelle on aurait les quantités . . . (93)

$$\cos(\lambda \pm 2\Delta) \text{ à la place de } \cos(\lambda \mp 2\Delta),$$
et
$$\cos(\lambda + 2\delta) \text{ à la place de } \cos(\lambda - 2\delta);$$

le signe supérieur + dans $\cos(\lambda \pm 2\Delta)$ répondant aux nouvelles lunes, et le signe inférieur — aux pleines lunes.

Or, de ces deux expressions (91) et (93) des hautes marées en syzygies, si l'on y fait la latitude $\lambda = 0$, on en tirera, pour ces hautes marées sous l'équateur, en observant que l'on a sensiblement $(g)'' = (g)'.\sqrt{(1+\beta)}$, l'expression très-simple . . . (94)

$$h = \frac{3b^2}{4.(g)'}.\{[S].\cos^2\Delta + [L].\cos^2\delta\}.$$

Et c'est là, en considérant le facteur constant comme indéterminé, la formule de Laplace, où l'on voit que, comme pour l'heure de la pleine mer, cette formule ne donne la hauteur de la marée que sous l'équateur; et par conséquent qu'elle est inexacte, et même erronée lorsqu'on l'applique à des lieux maritimes situés hors de l'équateur.

Enfin, pour la basse marée intermédiaire entre les deux hautes marées (91) et (93), on aura, pour l'heure ε, les valeurs identiques . . . (95)

$$\text{Pour les nouvelles lunes, } \alpha = 0, \text{ et } \varepsilon = \frac{2\mu + 1}{4}.\pi;$$

$$\text{Pour les pleines lunes, } \alpha = \frac{\pi}{2}, \text{ et } \varepsilon = \frac{2\nu + 1}{4}.\pi;$$

les indices μ et ν étant zéro ou l'unité. Et alors, la loi (88) donnera, pour la basse marée en syzygies dont il est question, l'expression spéciale . . . (96)

$$h = -\frac{br.\cos^2\lambda.\left\{(3.\sin^2\Delta + \beta).[S] + (3.\sin^2\delta + \beta).[L]\right\}}{2.(g)'.\left\{1 + \beta.\cos^2\lambda\right\}} - \frac{ri}{b}.\sqrt{(1 + \beta)};$$

hauteur qui est toujours négative. — Ainsi, en retranchant cette basse marée (96) de la plus grande des deux hautes marées (91) et (93), on aura, pour l'époque correspondante des syzygies, la plus grande marée totale. En désignant par H1 la marée totale qui, en syzygies, résulte ainsi de la différence des expressions (91) et (96), on aura . . . (98)

$$H1 = \frac{3.br.\cos\lambda}{2.(g)'.(1 + \beta.\cos^2\lambda)}.\left\{\begin{array}{l}[S].\left[(1 + \beta).\cos\lambda.\cos^2\Delta \pm \sin\lambda.\sin 2\Delta\right] \\ [L].\left[(1 + \beta).\cos\lambda.\cos^2\delta + \sin\lambda.\sin 2\delta\right]\end{array}\right\};$$

le signe supérieur + répondant aux nouvelles lunes, et le signe inférieur — aux pleines lunes. Et désignant par H2 la marée totale qui, en syzygies, résulte de même de la différence des expressions (93) et (96), on aura . . . (99)

$$H2 = \frac{3.br.\cos\lambda}{2.(g)'.(1 + \beta.\cos^2\lambda)}.\left\{\begin{array}{l}[S].\left[(1 + \beta).\cos\lambda.\cos^2\Delta \mp \sin\lambda.\sin 2\Delta\right] \\ [L].\left[(1 + \beta).\cos\lambda.\cos^2\delta - \sin\lambda.\sin 2\delta\right]\end{array}\right\};$$

le signe supérieur — répondant ici aux nouvelles lunes et le signe inférieur + aux pleines lunes. — Or, on voit ici de nouveau que, pour l'équateur seul, où l'on a la latitude $\lambda = 0$, ces deux dernières expressions (98) et (99) se réduisent à une expression identique, formant la marée totale sous l'équateur, que nous désignerons par H, et qui sera . . . (100)

$$H = \frac{3.b^2}{2.(g)'}.\left\{[S].\cos^2\Delta + [L].\cos^2\delta\right\};$$

c'est-à-dire, le double de la susdite formule inexacte (94) de Laplace, qui n'est vraie que pour l'équateur.

Quant à la valeur moyenne des marées totales H1 et H2, valeur moyenne qui, aux époques des équinoxes, forme l'unité de la mesure de ces quantités, il suffit de faire $\Delta = 0$ dans les expressions (98) et (99), en observant, d'abord, que les termes dépendant de sin 2δ se détruisent par leurs signes opposés dans cette valeur moyenne, et ensuite que la valeur moyenne de $\cos^2 \delta$ est . . . . (101)

$$\frac{\int (\cos^2 \delta . d\delta)}{\delta} = \tfrac{1}{2} . \left\{ 1 + \frac{\sin \delta}{\delta} . \cos \delta \right\},$$

en donnant à δ, sa valeur maximum que nous distinguerons par δ'; et l'on obtiendra, pour l'unité en question, que nous désignons par (H), l'expression . . . . . . (102)

$$(\mathrm{H}) = \frac{3br.(1 + \beta).\cos^2 \lambda}{2.(g)'.(1 + \beta.\cos^2 \lambda)} . \left\{ (\mathrm{S}) + (\mathrm{L}) . \tfrac{1}{2} . \left[1 + \frac{\sin \delta'}{\delta'} . \cos \delta' \right] \right\};$$

les quantités (S) et (L) indiquant les valeurs moyennes des forces [S] et [L], dont le rapport est fixé à la marque (21). — On aura donc, d'abord, pour le rapport des quantités H1 et (H), l'expression . . . (103)

$$\frac{\mathrm{H1}}{(\mathrm{H})} = \frac{\left\{ \begin{array}{l} [\mathrm{S}].\left[(1 + \beta).\cos^2 \Delta \pm \operatorname{tang} \lambda . \sin 2\Delta\right] \\ [\mathrm{L}].\left[(1 + \beta).\cos^2 \delta + \operatorname{tang} \lambda . \sin 2\delta\right] \end{array} \right\}}{(1 + \beta).\left\{ (\mathrm{S}) + (\mathrm{L}).\tfrac{1}{2}.\left[1 + \frac{\sin \delta'}{\delta'} . \cos \delta' \right] \right\}};$$

où l'on voit que ce rapport croît avec la latitude λ, mais en revanche que l'unité (102) qui sert de terme de comparaison, c'est-à-dire, la moyenne marée équinoxiale, décroît encore davantage. — Et l'on aura ensuite, pour le rapport des quantités H2 ét (H), la même expression (103), en y changeant les signes devant les deux termes qui commencent par le facteur tang λ.

Nous terminerons ce Supplément par la remarque que, de l'expression générale (88), en y déduisant l'équation $\frac{dh}{d\varepsilon} = 0$, c'est-à-dire, l'équation . . . (104)

$$0 = \frac{d\mathfrak{G}}{d\varepsilon} + \frac{6 . \operatorname{tang} \lambda}{(1 + \beta)} . \frac{d\theta}{d\varepsilon},$$

et en observant que l'on a $d\alpha = \frac{\sigma}{\pi} . d\varepsilon$, on peut en tirer l'heure ε de la pleine mer. En effet, on trouvera ainsi l'expression . . . (105)

$$\operatorname{tang} 2\varepsilon = \frac{\left\{ \begin{array}{l} + [\mathrm{L}].\left(1 - \frac{\sigma}{\pi}\right).\cos^2 \delta . \sin 2\alpha . (1 + \beta) \\ - \frac{\operatorname{tang} \lambda}{\cos 2\varepsilon'} . \left[[\mathrm{S}] . \cos 2\Delta . \sin \varepsilon' + \left(1 - \frac{\sigma}{\pi}\right) . [\mathrm{L}] . \sin 2\delta . \sin (\varepsilon' - \alpha) \right] \end{array} \right\}}{(1 + \beta) . \left\{ [\mathrm{L}] . \cos^2 \delta . \cos 2\alpha . \left(1 - \frac{\sigma}{\pi}\right) + [\mathrm{S}] . \cos^2 \Delta \right\}},$$

dans laquelle, pour des latitudes praticables λ, la première détermination ε' de la quantité cherchée ε est donnée par la même expression lorsqu'on y fait $\lambda = 0$, savoir, par l'expression (19), formant la formule inexacte de Laplace, qui n'a lieu que pour ce cas de $\lambda = 0$, c'est-à-dire, pour l'équateur seul. — Nous obtenons ainsi, par cette conformité des résultats, une démonstration déjà suffisante de la vérité de ces résultats.

Et après cette démonstration provisoire, mais suffisante, nous pouvons maintenant faire connaître la vraie hauteur moyenne des marées dans les mers libres, hauteur que la science n'a pas pu découvrir jusqu'à ce jour. — Mais, pour cela, et généralement pour toutes les formules précédentes, nous devons prévenir que les forces [S] et [L], qui sont établies pour le cas où la formation des marées, n'éprouvant aucune résistance de la part des terres, se ferait dans la durée de 10′ 34″, comme nous le prouvons dans notre théorie des marées. Il n'en est pas ainsi, les observations de Halley à l'Ile de Sainte-Hélène, de Lacaille au Cap de Bonne-Espérance, et d'autres pareilles dans la Mer-Pacifique, prouvent que cette durée de la formation des marées est environ de cinq heures, durée provenant de la résistance exercée à la profondeur des mers et par la configuration des Continents. Cette durée de cinq heures, que nous désignerons par t, et qui opère un déplacement permanent des eaux, est, à cet égard, l'expression du CARACTÈRE SPÉCIAL de notre globe, en observant que, si ce globe n'était formé que d'eau, et si, par conséquent, les parties solides qu'il contient réellement, n'opposaient aucune résistance à la formation des marées, la durée de cette formation hypothétique serait, comme nous venons de le dire, de 10′ 34″. — Or, par suite de ce retard des marées dans les mers libres, les susdites forces [S] et [L] se trouvent évidemment diminuées par deux facteurs respectifs $f1$ et $f2$, dont une première détermination est sensiblement . . . (106)

$$f1 = \cos\left[\frac{t}{(\rho)}\cdot\frac{\pi}{2}\cdot\cos\Delta\right], \qquad \text{et} \qquad f2 = \cos\left[\frac{t}{(\rho)}\cdot\frac{\pi}{2}\cdot\cos\delta\right],$$

en désignant par (ρ) la durée moyenne d'un jour solaire, et en déterminant un peu plus exactement ces facteurs, comme nous le verrons dans la théorie. Il faut donc appliquer respectivement ces facteurs $f1$ et $f2$ aux forces primitives [S] et [L] dans toutes nos formules précédentes.

Et alors, en évaluant la formule (94), pour les susdites forces moyennes (S) et (L), et pour le cas de $\Delta = 0$ et $\delta = 0$, on trouve, sous l'équateur, pour l'élévation moyenne des mers au-dessus de leur niveau naturel, la quantité . . . (107)

$$h = 0^{m},730072; \text{ environ 27 pouces.}$$

Et cette grande question se trouvera enfin résolue définitivement.

FIN.

APERÇU HISTORIQUE

DE LA

PRÉSENTE SCIENCE NAUTIQUE DES MARÉES.

Depuis longtemps, dans plusieurs de ses ouvrages, l'auteur a annoncé cette véritable science nautique des marées. Les savants qui y étaient le plus intéressés, ne le comprirent peut-être pas. Bien plus, malgré la preuve que l'auteur donnait de l'inexactitude de la théorie des marées, produite par Laplace dans sa Mécanique céleste, le Bureau des Longitudes de Paris continuait à produire annuellement, dans ses Éphémérides, pour la direction de la marine française, les indications des circonstances du phénomène des marées, en les calculant par les formules erronées de Laplace.

Enfin, pour rendre utile au public sa nouvelle et véritable science nautique des marées, telle qu'elle est annoncée dans le premier Programme précédent, l'auteur conçut l'idée de l'offrir à l'Amirauté impériale russe, comme il l'a dit dans son humble *Épître à S. M. l'Empereur de Russie.* Cette détermination de l'auteur était motivée par son originaire nationalité slave, surtout par le glorieux avenir de l'empire d'Orient, qu'il avait si fortement prédéterminé dans ses ouvrages, spécialement dans son *Adresse aux Nations slaves.*

Malheureusement, cette direction de l'auteur vers la Russie fut mal interprétée par ses compatriotes, les Polonais. Et par déférence pour son ancienne nationalité polonaise, il dut renoncer à son projet d'offrir d'abord à l'Amirauté impériale de Russie sa science nautique des marées. Il espère qu'en considération de cet honorable motif national, le gouvernement russe lui pardonnera d'avoir ainsi été forcé de changer sa première résolution, annoncée publiquement. En conséquence, il prend la liberté d'offrir aujourd'hui indistinctement à tous les gouvernements maritimes, en y comprenant naturellement celui de la Russie, l'acquisition de cette nouvelle science nautique des marées, comme nous l'avons dit dans la précédente Adresse à tous les Gouvernements maritimes.

ERRATA ESSENTIELS.

A la formule (69), page 37, à la place de $(-1)^m$, *lisez :* $(-1)^{m-1}$.

A la formule (105), page 46, à la place de $\cos 2\Delta$, *lisez :* $\sin 2\Delta$.

www.ingramcontent.com/pod-product-compliance
Ingram Content Group UK Ltd.
Pitfield, Milton Keynes, MK11 3LW, UK
UKHW020344250726
13967UKWH00005B/2103